U0896546

主编 李天纲

中国国家图书馆藏

民国西学要籍汉译文献·心理学（第二辑）

学校儿童心理卫生

Mental Hyglene of the School Child

［美］赛门斯（P.M.Symonds）著
胡祖阴 译

上海社会科学院出版社
Shanghai Academy of Social Sciences Press

图书在版编目(CIP)数据

学校儿童心理卫生/李天纲主编. —上海:上海社会科学院出版社，2017
(民国西学要籍汉译文献. 心理学)
ISBN 978-7-5520-1830-1

Ⅰ.①学… Ⅱ.①李… Ⅲ.①儿童－心理健康 Ⅳ.①B844.1

中国版本图书馆CIP数据核字(2017)第032145号

学校儿童心理卫生

主　　编：李天纲
编　　纂：赵　炬
责任编辑：唐云松
特约编辑：陈宁宁
封面设计：清　风
策　　划：赵　炬
执　　行：取映文化
加工整理：嘎　拉　江　岩　牵　牛　莉　娜
责任校对：笑　然
出版发行：上海社会科学院出版社
上海顺昌路622号　邮编200025
电话总机021-63315900　销售热线021-53063735
http://www.sassp.org.cn　E-mail:sassp@sass.org.cn
排　　版：上海三联读者服务合作公司
印　　刷：常熟市人民印刷有限公司
开　　本：650×900毫米　1/16开
印　　张：16.75
字　　数：220千字
版　　次：2017年4月第1版　　2017年4月第1次印刷

ISBN 978-7-5520-1830-1/B.205　　定价：86.00元（精装）

民国西学：中国的百年翻译运动

——『民国西学要籍汉译文献』序

李天纲

继唐代翻译印度佛经之后，二十世纪是中文翻译历史上的第二个高潮时期。来自欧美的『西学』，以巨大的规模涌入中国，参与改变了一个民族的思维方式，这在人类文明史上也是罕见的。域外知识大规模地输入本土，与当地文化交换信息，激发思想，乃至产生新的理论，全球范围也仅仅发生过有数的那么几次。除了唐代中原人用汉语翻译印度思想之外，公元九、十世纪阿拉伯人翻译希腊文化，有一场著名的『百年翻译运动』之外，还有欧洲十四、十五世纪从阿拉伯、希腊、希伯来等『东方』民族的典籍中翻译古代文献，汇入欧洲文化，史称『文艺复兴』。中国知识分子在二十世纪大量翻译欧美『西学』，可以和以上的几次翻译运动相比拟，称之为『中国的百年翻译运动』、『中国的文艺复兴』并不过分。

运动似乎是突如其来，其实早有前奏。梁启超(1873–1929)在《清代学术概论》中说：『自明末徐光启、李之藻等广译算学、天文、水利诸书，为欧籍入中国之始。』利玛窦（Mateo Ricci, 1552–1610）、徐光启、李之藻等人发动的明末清初天主教翻译运动，比清末的『西学』早了二百多年。梁启超有所不知的是：利、徐、李等人不但翻译了天文、历算等『科学』著作，还翻译了诸如亚里士多德《论灵魂》(《灵言蠡勺》)、《形而上学》(《名理探》)等神学、哲学著作。梁启超称明末翻译为『西学东渐』之始是对的，但他说其『范围亦限于天（文）、（历）算』，则误导了他的学生们一百年，直到今天。

从明末到清末的『西学』翻译只是开始，而且断断续续，并不连贯成为一场『运动』。各种原因导致了『西学』的挫折：被明清易代的战火打断；受清初『中国礼仪之争』的影响；欧洲在1773年禁止了耶稣会士的传教活动，以及儒家保守主义思潮在清代的兴起。鸦片战争以后很久，再次翻译『西学』，仍然只在上海和江南地区。从翻译规模来看，以上海为中心的翻译人才、出版机构和发行组织都比明末强大了，影响力却仍然有限。梁启超说：『惟（上海江南）制造局中尚译有科学书二三十种，李善兰、华蘅芳、赵仲涵等任笔受。其人皆学有根底，对于所译之书责任心与兴味皆极浓重，故其成绩略可比明之徐、李。』梁启超对清末翻译的规模估计还是不足，但说『戊戌变法』之前的『西学』翻译只在上海、香港、澳门等地零散从事，影响范围并不及于内地，则是事实。

对明末和清末的『西学』做了简短的回顾之后，我们可以有把握地说：二十世纪的中文翻译，或曰中华民国时期的『西学』，才是称得上有规模的『翻译运动』。也正是在二十世纪的一百年中，数以千计的『汉译名著』成为中国知识分子的必读教材。1905年，清朝废除了科举制，新式高等教育以新建『大学堂』的方式举行，而不是原来尝试的利用『书院』系统改造而成。新建的大学、中学，数理化、文史哲、政经法等等学科，都采用了翻译作品，甚至还有西文原版教材，于是，中国读书人的思想中又多了一种新的标杆，即在『四书五经』之外，还必须要参考一下来自欧美的『西方经典』，甚至到了『言必称希腊、罗马』的程度。

我们在这里说『民国西学』，它的规模超过明末、清末；它的影响遍及沿海、内地；它借助二十世纪的新式教育制度，渗透到中国人的知识体系、价值观念和行为方式中，这些结论虽然都还需要论证，但从一般直觉来看，是可以成立的。中国二十世纪的启蒙运动，以及『现代化』、『世俗化』、『理性化』，都与『民国西学』的翻译介绍直接有关。然而，『民国西学』到底是一个多大的规模？它是一个怎样的体系？它们是以什么方式影响了二十世纪的中国思想？这些问题都还没有得到认真研究，我们并没有一个清晰的认识。还有，哪些著作得到了翻译，哪些译者的影响最大？『西学东渐』的代表，明末有徐光启，清末有严复，那『民国西学』的代表作在哪里？这一系列问题我们并不能明确地回答，原因就在我们对民国翻译出版的西学著作并无一个全程的了解，民国翻译的那些哲学、社会科学、人文学科的『西学』著作，束之高阁，已经好多年。

举例来说，1935 年，上海生活书店编辑《全国总书目》，『网罗全国新书店、学术机关、文化团体、图书馆、政府机关、研究学会以及个人私家之出版物约二万种』。就是用这二万种新版图书，生活书店编制了一套全新分类，分为：『总类、哲学、社会科学、宗教、自然科学、文艺、语文学、史地、技术知识』。一瞥之下，这个图书分类法比今天的『人大图书分类法』更仔细，因为翻译介绍的思潮、学说、学科、流派更庞大。尽管并没有统一的『社科规划』和『文化战略』，『民国西学』却在『中国的文艺复兴』运动推动下得到了长足发展。查看《全国总书目》（上海，生活书店，1935），在『社会科学·社会科学一般·社会主义』的子目录下，列有『社会主义概论、社会主义史、科学的社会主义、无政府主义、基尔特社会主义、乌托邦社会主义、基督教社会主义、议会派社会主义』等；在『社会科学·政治·政体政制』的子目录下，列有『政治制度概论、政治制度史、宪政、民主制、独裁制、联邦制、各种政制评述、各国政制、中国政制、现代政制、中国政制史』等，翻译、研究和出版，真的是与欧美接榫，与世界同步。1911 年以后的 38 年的『民国西学』为二十世纪中国学术打下了扎实的基础，而我们却长期忽视，不作接续。

编辑出版一套『民国西学要籍汉译文献』，把中华民国在大陆 38 年期间翻译的社会科学和人文学科著作重新刊印，对于我们估计、认识和研究『中国的百年翻译运动』、『中国的文艺复兴』，接续当时学统，无疑是有着重要的意义。1980年代初，上海、北京的学术界以朱维铮、庞朴先生为代表，编辑『中国文化史丛书』，一个宗旨便是要接续1930年代商务印书馆王云五主编『中国文化史丛书』，重振旗鼓，『整理国故』，先是恢复，然后才谈得上去超越。遗憾的是，最近三十年的『西学』研究却似乎没有采取『接续』民国传统的方法来做，我们急急乎又引进了许多新理论，诸如控制论、信息论、系统论……还有『老三论』、『新三论』、『后现代』、『后殖民』等等新理论，对『民国西学』弃之如敝屣，避之唯恐不及。

民国时期确实没有突出的翻译人物，我们是指像严复那样的学者，单靠『严译八种』的稿酬就能成为商务印书馆大股东，还受邀请担任多间大学的校长，几份报刊的主笔。但是，像王造时（1903–1971）先生那样在『西学』翻译领域做出重要贡献，然后借此『西学』，主编报刊、杂志，在『反独裁』、『争民主』和『抗战救国』等舆论中取得重大影响的人物也不在少数。王造时的翻译作品有黑格尔的《历史哲学》、摩瓦特的《近代欧洲外交史》、《现代欧洲外交史》、拉铁耐的《美国外交政策史》、拉斯基的《国家的理论与实际》、《民主政治在危机中》。1931年，王先生曾担任光华大学教授，文学院长，政治系主任，后来创办了《主张与批评》（1932）、《自由言论》（1933），组织『中国民权保障同盟』（1932）。他在上海舆论界发表宪政、法治、理性的自由主义；他在大学课堂上讲授的则是英国费边社社会主义、工联主义和公有化理论（见王造时著《荒谬集·我们的根本主张》，1935，上海，自由言论社）。非常可惜的是，王造时先生这样复杂、混合而理想主义的政治学理论和实践，在最近三十年的社会科学、人文学科中并无讨论，原因显然是与大家不读，读不到，没有再版其作品有关。

我们说，『民国西学』本来是一个相当完备的知识体系，在经历了一个巨大的『断裂』之后，学者并没有好好地反省一下，哪些可以继承和发展，哪些应该批判和扬弃。民国时期好多重要的翻译著作，我胡适一语道破地说：『这些新观念、新理论之输入，基本上为的是帮助解决我们今日所面临的实际主张，大致就是『输入学理』运动中的全部『西学』。马克思主义，从不列颠宪政学说，到法兰西暴力革命理论，德意志国家主义思想，再到英格兰自由主义那一代青年不断寻找『真理』的轨迹。三四十年间，他们从一般的人性论学说，到无政府主义、社会主义、译：《胡适口述自传》，北京，华文出版社，1992年，第191页）。胡适晚年清理的这个翻译目录，就是日耳曼意识形态，盎格鲁·萨克逊思想体系和法兰西哲学等等的输入，也就习以为常了。』（唐德刚编专号』。另一个《新教育月刊》也曾出过一期「杜威专号」。至于对无政府主义、社会主义、共产主义、位挪威大戏剧家易卜生。在这期上我写了首篇专论叫《易卜生主义》。《新青年》也曾出过一期「马克思他还大致理了一个系统，说『我们的《新青年》杂志，便曾经发行过一期「易卜生专号」，专门介绍这举办的《新青年》杂志，有一个宗旨是要『输入学理』，即翻译介绍欧洲的社会科学、人文学科知识，使得这一派的『西学』浅尝辄止，比较肤浅，有些做法甚至不能代表『民国西学』。胡适先生回忆他们固然在介绍和推广『西学』，倡导『启蒙』时居功至伟，但是『新文化运动』造成不断求新的风气，也

讨论二十世纪的『西学』，一般是以五四『新青年』来代表，这其实相当偏颇。胡适、陈独秀等人懒惰、被动和浮躁的短视见解，不能积累起一个稍微深厚一点的现代文化。

而也能更有效地在中国使用，或者借用，来解决中国的问题。这种实用主义的『西学观』，其实是一种出不穷的『西学』面前特别害怕落伍。这种心态里有一个幻觉：更新的理论，意味着更确定的真理，因语讽刺的那样：『熊瞎子掰包谷，掰一个，丢一个。』中国学者在『西学』武库中寻找更新式的装备，在层寻找更加新颖的『西学』，用新的取代旧的，从尼采、弗洛伊德……到福柯、德里达……就如同东北谚们都没有再去翻看，认真比较，仔细理解。『改革、开放』以后，又一次『西学东渐』，大家只是急着去

问题。』胡适并不认为这种『活学活用』、『急用先学』的做法有什么不妥。相反，二十世纪中国知识分子接受『西学』的方法论，大多认为翻译为了『救国』，如同进口最新版本的克虏伯大炮能打胜仗，这就是『天经地义』。今天看来，这其实是一种庸俗意义的『实用主义』，是生吞活剥，不加消化，头痛医头，脚痛医脚的简单思维，或曰：是『夺他人之酒杯，浇自己之块垒』。从我们收集整理『民国西学要籍汉译文献』的情况来看，『民国西学』是一个比北大『启蒙西学』更加完整的知识体系。换句话说，我们认为『五四运动』及其启蒙大众的『西学』并不能够代表二十世纪中国西学翻译运动的全部面貌，在北大的『启蒙西学』之外，还有上海出版界翻译介绍的『民国西学』。或许我们应该把『启蒙西学』纳入『民国西学』体系，『中国的百年翻译运动』才能得到更好的理解。

我们认为：中国二十世纪的西学翻译运动，为汉语世界增加了巨量的知识内容，引进了不同的思维方式，激发了更大的想象空间，这种跨文化交流引起的触动作用才是最为重要的。二十世纪的中国文化变得不古不今，不中不西，并非简单的外来『冲击』所致，而是由形形色色的不同因素综合而成。外来思想中包含的进步观点、立场、方案、主张、主义……具有普世主义的参考价值，但都要在理解、消化、吸收后才能成为汉语语境的一部分，才会有更好的发挥。在这一方面，明末徐光启有一个口号可以参考，那便是『欲求超胜，必须会通；会通之前，必先翻译』。反过来说，『翻译』的目的，是为了中西文化之间的融会贯通，而非搬用；『会通』的目的，不是为了把新旧思想调和成良莠不分，而是一种创新——『超胜』出一种属于全人类的新文明。二十世纪的『民国西学』，是人类新文明的一个环节，值得我们捡起来，重头到底地细细阅读，好好思考。上海社会科学院出版社邀我主编『民国西学要籍汉译文献』，献弁言于此，是为序。

2016年3月20日，于阳光新景寓所

［美］賽門斯（P.M.Symonds）著　胡祖陰　譯

學校兒童心理衛生

中華民國二十六年二月初版

陳序

現在的學校，完全是傳授智識和技能的機關，對於兒童人格的培養，品性的陶冶，都沒有十分注意到。國語、算術、自然、社會各科目的學習都有專職的教師分別指導，而整個的兒童却反被忽略，無人過問。傳統學校裏的訓育工作，目的僅在維護學校的規律，保持學校的風紀，更談不到積極的人格感化和品性陶冶。

近年來，教育者對於這種枯偏的教育漸感有改革的必要。教訓合一的主張，固不失為對於傳統教育一種有力的糾正，但傳統的學校訓育的觀念須先改造，才能收教訓合一之效。兩年前，黃翼先生曾在中華教育界發表一篇論文，題為學校訓育的改造，主張從心理衛生的觀點來辦理學校訓育。不久國立中央大學教育叢刊社又有心理衛生專號的編印，而吳南軒先生提倡尤力。心理衛生的意義始漸為國人所注意。

友人胡祖蔭君，鑒於心理衛生的重要和國內是項專書的缺乏，爰將美國心理學者狄門斯博士所著學校兒童的心理衛生一書譯成中文。本書原為一般學校教師和父母而作，故內容切實，文筆通俗；而譯文亦忠實流暢，易於閱讀。本書不但作為大學師範教本頗為相宜，舉凡家庭父母，學校教師以及行政人員讀此書都可以得着不少的啓迪。個人尤希望負學校訓育的人，能將本書所討論的原則和方法應用到實際問題上去，則造福兒童真是不淺呢！承譯者胡君將譯稿見示，既享先睹的權利，樂盡作序的義務，爰誌數語以爲介紹。

陳選善

原著者序

這本心理衛生的書籍主要地是爲教師而寫的；書中關於心理衛生原則的應用，多半是涉及學校中的情境。心理衛生是教育中一種新的和受人歡迎的觀點，代表幾種思潮的幅合。顧名思義，牠是廣大的衛生園地中的一部，注重個人的幸福。牠是較新的課程趨向的結晶，這種趨向，重視人格的適應與完成，認爲是教育的重要目標。牠能保藏「整個兒童」的興趣，而是過去學校中分科的課程所要摧殘的；同時牠將過去所認爲是家庭特權的兒童訓練中最後一部的工作，局部地轉移到學校中來。牠將訓育的問題集中在一個新的注意點上，應用最近心理學和人格研究的材料。

雖則這本書原是將心理衛生的意義向教師們解釋，但是書中所討論的原則，要是真正有效的，必須是在兒童幼年時試行起來；因此這本書是每個父母和教師均應人手一編的。

這本書特別地着重心理衛生之積極的和預防的方面。至於怎樣特別的着重，只有請每位讀者檢視現在所有關於討論心理衛生的書籍以後，才能明瞭。心理衛生的原則，是從變態心理學的知識和精神治療術的設施中發源而出，因此心理衛生的教本，多半是充滿了關於行爲和思想之病態方面的名詞。心理衛生與其他方面的衛生不同，相沿地多注重在怎樣改正不良的心理適應或怎樣治療心理的疾病，而少注重在怎樣預防不良的心理習慣的發生。關聯到教育方面去，心理衛生在實用上幾是完全注意問題兒童的改正工作。因此，這本書中所包含的積極的建議，相信可以滿足過去繼續感覺的需要。

心理衛生在過去三四年中已經抓住了教育者的幻想，將牠當作試金石來改正課程中過分專門化的趨向，這種趨向是隨着我們的分科學校而起的。心理衛生應該透入學校中的各部。我們不應將牠視作一班中要教的一種學科，而應該將牠視作在學校各種人的關係中的明燈。這種心理衛生的觀點，就是注重在了解橫於行為之下的動機和設法適應情境中各種的因素，是在很快地取得訓育的舊觀念而代之。

著者曾參加在白宮舉行之兒童健康與保障會議，並任該會心理衛生分組會主席，那時就感覺心理衛生的新觀點對於教育的重要。本書寫成之最初的動機是受自多瑪伍德博士(Dr. Thomas D. Wood)；他力勸我預備一種顯示心理衛生對於教育應用之簡短的和明白的教本。書中許多材料都是選自我所教授『青年的適應』一個學程中。我要乘此向選讀這個學程的許多同學表示謝意，因為他們在過去幾個學期中，曾經貢獻了許多的意見和說明而為本書所收進的。

我應該特別地感謝學校評論(School Review)和哈佛教師月刊(Harvard Teachers Record)的發行人，因為他們特許我重印我從前在這兩種雜誌中所發表的一部份材料。我要感謝文納特卡的學務監督華虛明博士(Dr. Carleton W. Washburne)，他准許我在『訓育』一章中收進他在學校評論

(School Review) 中所發表的三個個案研究。本書末尾所選的六個個案研究，是選讀我的「青年的適應」一班同學所做的。我也感謝林登高級中學 (Linden Senior High School) 理科主任佛蘭慈先生 (G. E. Franz)，愛倫城中學 (Allentown High School) 副校長兼男生指導李却遜先生 (James W. Richardson)，哥羅拉多大學 (University of Colorado) 助教授米耳士先生 (Hubert H. Mills)，亞力山大漢米耳登初級中學 (Alexander Hamilton Junior High School) 西頓先生 (James Kirk Seaton)，紐約亨利街訪問看護師公會 (Henry St. Visiting Nurse Association, N. Y.) 貝雷女士 (Dorothy M. Bailey)，和布魯克林中學 (Erasmus Hall High School. Brooklyn, N. Y.) 台維斯先生 (Estelle Davis)，因為他們準備了這些研究的材料，而准允我收進本書的。

西門斯 (Percival M. Symonds)

譯者贅言

本書原名 MENTAL HYGIENE OF THE SCHOOL CHILD，著者是美國哥倫比亞大學師範院教育學教授薛門斯博士（PERCIVAL M. SYMONDS）於一九三四年在紐約麥美倫書局（THE MACMILLAN CO.）印行。全書除序文一篇外，有正文二十章，最後附以參考書目及索引。

本書著者曾參加在美國白宮舉行之兒童健康與保障會議，並任該會心理衛生組主席。那時他就感覺心理衛生的新觀點對於教育的重要。他寫成本書之最初動機，是在預備一種顯示心理衛生對於教育應用之簡短的和明白的教本。書中許多材料都是選自他所教授『青年的適應』一個學程中。本書的特點是在着重心理衛生之積極的和預防的方面，代表近來心理衛生研究中一個新的趨向。

誠如著者在原序中所說：『本書原是將心理衛生的意義向教師們解釋，但是書中所討論的原則，要是真正有效的，必須是在兒童幼年時試行起來；因此這本書是每個父母和教師均應人手一編的。』譯者以為非但父母和教師均應一讀此書，就是中小學行政人員和研究兒童教育的人們，也可從閱讀此書中得着莫大的裨益。譯者個人於讀譯此書時就感到有一種深切的啟示；使譯者對於了解和處理整個的兒童獲得一種新的觀點，這不能不說是受本書之賜的。

譯者在進行翻譯本書之時，屢承陳鶴琴先生多方指導並慨賜借原書；譯畢後，又承陳選善先生加以校正，並慨賜以序文；譯者銘感之餘，特此誌謝。尚有吾友朱君鎮蓀對於譯述此書常予鼓勵；吾妻端芳曾將原稿抄寫校閱一遍；亦應乘此表示謝忱。

民國二十五年三月胡祖蔭於上海

學校兒童心理衛生

目次

學校兒童心理衛生

第一章　心理衛生在學校課程中的重要

假如任何人追溯學校發展的程序，他可以看出教育的意義以及教育在社會中的地位和功能的演進。很久以前，學校是爲準備特殊職業的，如牧師和律師。晚近以來，課程的範圍是擴充了，但是注重點仍舊是在知識的獲得和技能的發展，使得個人能更有效率地生活。

最近以來，我們對於這種有限制的教育觀念仍覺不適當，因爲這種教育觀念，單是建立於習本的學習或技能的獲得之上的。任何個人，假如要成爲一個快樂的和滿足的兒童，將來能成爲社會中一個良好的適應者，必須獲得行爲上和思想上某種良好的習慣。這些習慣是他的教育的一部份，正如讀法和算術是學科中的一部份一樣。在過去的時候，社會是比較地靜止的，因此這些習慣，多少是在家庭和教堂的監督之下養成。現在的社會中文化日趨複雜，對于這些行爲和習慣不能置之不問，而需要負教育青年之責的人加以有計劃的指導。這種指導非但足以維護社會，而且也可以維護個人，可使個人得着更加快樂的和更加滿足的生活。

有許多怪癖的和有神經病的人，從來不能應付他們所遇見的現實的情境，他們解決問題的方法，非但不能使他們自身滿足，實際上反而使他們不快樂和憂慮，這是多麽的可憐！從各方面看起來，我們常見許多人由教育而造成的行爲模型，多是不適當的。這些人是胆怯的和退縮的，奇怪的和暴戾的，有過失的和犯罪的。現在的學校不能只自認爲是一種教育的場所，可使兒童在内學得讀法、寫字、算術、地理、歷史等科，這些科目仍是傳統的學校課程。澈底講起來，乃是整個的兒童進入學校，因此學校也要對在校的整個兒童負責——非但對兒童的學業負責，也要對兒童在社會環境中的行爲負責。

心理健康應是普通健康中之一方面。健康是指着身體全部在極大的能力中正常地工作着。身體中每個器官應是健强的，而且還要與其他各部合作，以達到整個完全的有機體。神經系統是身體的一部；牠的功能是在結成個人與他的環境之間的各種關係，這些關係可以使他良好地適應他的環境。這樣看來，我們要靠我們的神經系統以養成種種的技能，例如：得到食物，尋找伴侶，建造房子，供給衣服，尋求娛樂和進行其他各種的生活動作。當我們的神經系統是在極大的能力中工作，而所養成的習慣和技能，又能使有機體良好地適應環境，這時我們就有一種心理的健康。

從另一方面看，假如神經系統是被紊亂了，或是牠的效率是被妨礙了，因而不能正常地工作，而使得有機體無法完整地適應環境，這時我們就有一種心理的疾病。這種神經系統的情狀非但可由疾病，器官組纖發炎，和細菌的發生而產生，而且也可因學習和疲勞的結果而產生。總之，假如個人所獲得的習慣和技能，不足以良好地適應他的環境，我們可以說他在心理健康方面是有問題的。

在這種的適應環境之下，反應機構的各部都要合作，可使個人用全副的精神去參加各種活動，而且並不過慮於反應的不良而致失敗。根據此種廣泛的觀點，我們可以看出心理健康乃是與一個人的全部教育相關，這種教育乃是假定足以幫助他適當地應付問題的。

心理衛生可從各種觀點來解釋。第一，心理衛生可認爲是一種適應。假如一個人能够有效率地和適當地應付每天各種的情境，這人即算有了良好的適應。假如一個人的習慣和技能足以滿足他的需要，填滿他的慾望，和給予他一切的滿足，他可說是適應了。假如在一種新的情境中，一個人能用他的智力適當地去應付，這時他也有了良好的適應。不能適應的個人，是指着他的習慣和技能是不適當的，不足以應付情境的需要，或者他缺少應付每日生活上各種問題的能力。這種人常是退縮，常用情緒的反應去應付情境，以及常表現與真實生活分離的各種行爲的方式。這些不完全的適應永不能使人滿意，而且可以阻礙個人充分發揮他的能力，使他不能成爲社會中一個健全的份子。

適應與品格，常被人認爲是互相衝突的。從一方面看，品格是社會希望個人所達到的各種行爲標準。一個人要有健全的品格，必須要有各種的美德，如誠實、可靠和合作；但是這些美德常與個人的衝動相反，因此個人要保全這些美德，常要謹愼地節制和阻制自身的衝動。從另一方面看，心理衛生學家常是主張解放個人的節制和阻制，以與個人的衝動調和。許多主張品格敎育者似乎忽略個人的心理，而未能注意到個人的衝動和慾望常與社會的標準衝突。心理衛生學家則嘲笑社會的標準和習俗，而主張個人自由的表現。他們主張個人不必爲社會的標準和習俗而憂慮煩惱，這樣才可達到心理上的安定。這樣看來，心理衛生學家似乎是忽略了敎育之社會的觀點。其實，這兩種理論，都不是眞正的品格敎育論者和心理衛生學家所主張的，個人眞正的適應是包括社會的適應以及個人心理上的完成。因此，個人的適應和社會的適應之間的衝突，是不必有的；一種最完全的和最滿意的適應，乃是在這兩種觀點之間所得到的一種協調。個人有時雖能將他的情緒暫時解放而求得暫時的滿足，但是不久遇着現實仍舊要失敗的。我們必須一方面認識社會上的標準，一方面認識個人解放憂慮與緊張狀態的需要，才可得到一個眞正的平衡。從根本上講來，心理衛生學家和品格敎育論者所主張的利益是相同的。

心理衛生也可認爲是一種完全。個人如能努力求得環境與他自身之間的適應，他可被認爲是一種完全的個人。假如他用一貫的精神和全部的努力去進行一件事情，他的整個有機體是集中全部的力量以達到整個的目的。這種一貫的精神和全部的努力乃是人格的完全；除非個人達到此種完全，他的心理衛生不能認爲是滿足的。人類較下等動物多有適應環境的能力。因爲這種能力，個人常有片斷的適應。假如這些片斷的適應不能前後一致，對於心理健康是大有妨害的。有些人在一種情境下所有的行爲的方式，和在他種情境下所有的行爲的方式衝突，原因就是缺少心理健康的人所應有的人格的完全。所以心理衛生的第二個理想，就是在各種情境下要有一貫的行爲。這種一貫的行爲非但是指個人的誠實和正直，並且是包括完全的人格，而不是人格的分化。

心理衛生在現時比較在從前任何時代更加重要。從前，人們過着一種簡單的戶外生活，他們多能用他們的手、工具和技能去解決他們的困難情境；那時生活原爲簡單，所以人類的有機體可以應付裕如。但是，自從文化進步，工業主義發達和城市興盛以來，生活，特別是社會的生活乃日趨繁雜，因此要有完全的適應，頗覺不易。生活的速度是增加了，我們的行動是加快了，我們在空間可以很快地行動和飛行，我們每日的活動也增加了不少。我們現處的機械世紀帶來了不少的嘈雜，這種嘈雜對於心理上的安定將發生不良的影響。這種高度的刺激和緊張，日有增長，而爲從前所無的。社會的關係是日趨複雜，而社會上的治安則日趨不定。家庭和其他社會上的聯繫也日趨鬆懈。工業的結果使得經濟的情形不穩定，因此一般人對於他們經濟上的生活也覺得比從前缺乏保障。人們對於工業的結果所產生的不安，比較在農業生活中所感到的水災或旱災還要恐懼。在現代生活背後的戰爭恐慌也是一種的不安。所以從各方面看來，前代經濟的和工業的發展，已使生活上增加了許多的不安，這種不安的狀態乃使一般人不能像從前那樣簡易地適應生活。

據專家的估計，在一世紀中每二十二人中將有一人要進心理病院，又十五歲的白種人中將有十分之一要得着神經的疾病。這些精神上不安的狀態是在繼續地增長，可從心理病院病人人數的增加中證明。心理病院人數的增加，一方面似可表示現在對於心理的疾病比較從前注意；另一方面確實顯示現代生活的緊張，因此不能適應的人也就增加。這些人都是進過我們學校的有些人的習慣不足以應付他們生活的情境，他們常在學校中表示煩惱的現象，因此學校不應逃避發現和矯正兒童心理上疾病的責任，而是應當教育他們適當地應付他們的環境。

討論和研究問題

1. 六歲的兒童有些什麼困難的情境要應付？
2. 青年有些什麼困難的情境要應付？
3. 良好的適應是否含有妥協、改革或反抗的意思？試將良好的適應加以解釋，而能將上列三個意思調和。
4. 從有關個人的結果和他人所受影響的觀點，討論下列適應的方法：

(a) 因不能及格而發生攷試作弊的行爲。

(b) 一個身長的女子因避免他人注意而屈身。

(c) 一個男孩在學校的成績不及格，而在家又受不良的批評，乃喜與鄰近比他年幼的兒童遊戲。

(d) 一個貧窮的男孩常在教室內幻想，假如他有了一百萬財產將如何處置？

(e) 一個女孩常因教師的責備或詢問她爲什麼不按時交課卷而哭泣。

5. 舉例說明你所知道心理上有『衝突』的學生，就是他們常想去做他們所知道的錯事，或他們的父母或教師所不讚許的事。你知道這些衝突是如何產生的麼？

6. 說明此句的意義：『心理衛生主張困難應如解決問題一樣地去應付，不必像應付急緊事項一樣地去處置。』

7. 習慣對於良好的適應有何關係？

8. 有不良適應方法人的人格能够完全嗎？

第二章　積極的心理衛生

許多發揮心理衛生原則的人，常從消極的觀點去研究這個問題。他們常是從問題兒童去研究，這種問題兒童的教育，有一部份已經是不適當的；而且他們已經養成了不良的行爲習慣。一般心理衛生學家常是從問題兒童着想、計劃、治療和改正問題兒童的辦法。這種觀點，克勞夫（Crawford, N. A.）和麥介發（Menninger, K. A.）二人在他們合著的心理健康的兒童一書中說得很詳細。他們說：『既然承認健康的和不健康的心理的存在，我們必須學習認識心理上不健康的徵象，這樣才可使我們的兒童得到心理的健康。』

近代許多的心理衛生學專家多半是醫學專家或精神治療家；所以他們的觀點多是傳統的醫學人員的觀點；就是說，他們常注意於診斷疾病和缺陷，並建議診治的方法，但是他們却少計劃積極的和預防的方法。在學校中，關心兒童心理衛生人們的觀點應該是學習認識良好的心理衛生的徵象。教育者第一步應該注意和了解良好的心理衛生發展所需要的情境，並應努力計劃發展良好心理衛生的組織和程序。教育者常不願意承認問題兒童的存在，因爲他的重要注意點是在積極的教育方法，而于改正的方法則認爲是次要的。

試舉一例說明，在教學讀法時，教育者常顧教沒有讀法技能的兒童，可用技巧的方法和鼓勵幫助兒童發展讀法的技能。假如兒童已因不良的教學或態度或受着壓迫與阻制而不能獲得讀法的技能，則學校方面也顧改正兒童的習慣，使得他們能繼續學習。但是有讀法問題的兒童並不是教師注意的基本對象，他們是必須加以注意和改正的，不過學校的組織並非建立在這種問題兒童的身上。因此學校對於良好的心理健康之培養是担任積極的義務。假如有一部份兒童發生心理上的紊亂，學校對於他們並不疏忽，不過改正兒童心理上的紊亂並不是學校的主要任務。

因爲教育機會的平等和各種階級與各種程度的兒童聚在一起，又因課程中科目的增加，所以現在學校中頗有一種專科的趨勢。從前向一組兒童教各種科目的教師，現在已逐漸減少。就是現在的初級中學也有分科的趨勢，兒童向各種專科的教師去學習專科的課程，如語言、數學、社會研究、自然科學、藝術和體育等。在大規模的學校還有專科教師指導兒童的課外活動。這種專科的傾向甚至推廣到小學的範圍。不過這種分科教學的趨勢有一個不良的結果，就是沒有專人對於兒童整個的個人負指導的責任。每個教師都是注意兒童能否學習讀法、史地或數學；但是却沒有人注意到兒童學習的習慣，學習時間的支配，以及工作的正常與精細和情緒上的適應等。總之，沒有人對於兒童發展的人格負責指導，而這種社會的和個人的習慣與適應，乃是近代教育中最重要的結果。

過去學校中的課程曾有注重兒童學業的趨勢，就是注重兒童必須學習學校科目。但是從根本上看來，兒童入學並非是單純地爲着求得學業。從書本中和教室中學習事物乃是行爲的一種，而這種行爲我們却認爲是兒童準備成人生活的主要附屬物。兒童是正常的社會動物，因此養成適應社會的習慣，當然比學習拼字和算學重要得多。所以假如學校對於整個的兒童要加以注意，則必須對於指導兒童養成適應社會的習慣有所準備。

研究學校中問題兒童的結果，發現有些兒童所感覺的困難是應該由學校本身負責的。有些兒童發現有不適當的特性，是因爲將他們插入不適當的年級。還有，缺乏同情心的教師在兒童中造成了許多不良的態度。有時，兒童因爲發現學校中傳統的課程太偏狹了而不滿意。有些兒童發生了人格上的問題，這些問題可用社交的生活和娛樂幫助解決的。有時，學校對於一二個兒童有不適當的處置，他的影響可以及於其他的兒童。所以學校除開對於每個問題分別處理以外，對於全體兒童個別的適應亦應加以注意，才可有整個的進步。現在學校中的組織對於積極的心理衛生的啓發，缺乏實施的辦法，因此對於問題的兒童常是個別地去研究；而不知將學校全部的組織和工作程序去適應個別的兒童，對於其他多數的兒童將有不良的影響。所以學校中心理衛生的工作，是與學校的組織和計劃的各方面發生關係。

討論和研究問題

1. 說明此句話的意義：「沒有問題兒童，只有兒童發生問題。」

2. 心理衛生對於醫學、教育、心理學、精神治療術，有何關係？

3. 應否將各種困難移去，不使兒童遇見？應否常使兒童遇見各種困難？試擬一種普遍的原則，可作決定一個兒童應遇何種困難的指導。教育對於這個問題如何着手？

4. 兒童假如未曾遇着困難，能否發展他的品格？

5. 申述此句話的意義：「學校中心理衛生的工作，是與學校的組織和計劃的各方面發生關係。」

第三章　學習

關於行爲方式和思想習慣獲得的學習，在專門心理學看來大半都是交替的作用。此種學習的方式係由俄國生理學家巴夫洛夫(Pavlov)實驗狗而發明。巴夫洛夫實驗的方法値得簡略地敍述一下，可以幫助我們了解此種學習的方式。他的實驗工作所需要的情境是非常簡單和顯明的。巴夫洛夫所用的特殊的反應就是唾液腺的分泌。先將被實驗的狗施以簡單的手術，可使他的唾液腺分泌到一個小管子裏而可以計量。最初將食物放近狗的旁邊，使他看見和嗅着食物的氣味，就可分泌唾液。這種嗅着食物而分泌唾液是「非交替」的反應。後來，在將食物送到狗的旁邊時，就搖鈴。這樣的情境反覆做了多次之後，就將鈴單獨地搖起來。這時，狗雖沒有看見食物，而聽見鈴聲就可分泌唾液了。因此，狗乃學習了對於鈴聲發生分泌唾液的反應。

在人類每日的生活中也有同樣的學習。嬰兒用某種杯子吃了多次牛奶，後來看見這隻杯子就能用快樂與希望的神情表示歡迎，有時甚至因飢餓而向着杯子哭泣。還有，嬰兒最初因爲受着某種痛苦而哭，母親聽見哭聲就去抱他而加以安慰。因此嬰兒學習了可用哭以獲得母親的抱和注意。後來，他還要用這種方法去得着他所需要的注意和獎賞。還有，嬰兒最初因狗叫的大聲而懼怕，後來看見狗雖不叫亦怕，最後甚至看見玩具的狗或毛絨的物件都可引起懼怕。有一個兒童的父母，將蓖麻油放在咖啡中使兒童嚥下，後來，這個兒童長大了，對於咖啡是非常的厭惡。總之，我們常常發現假如有兩種事情一起發生，對於第一件事情所發生的反應，也可聯繫到第二件事情上去；因此，我們學得了一串的反應，而成人的習慣和感情也就由此學成了。

這種交替的作用並不能完全說明關於養成行為習慣的各種學習。桑戴克（Thorndike, E. L.）曾經證明，假如二種刺激同時發生以後，某一種刺激的發現並不一定能引起其他刺激所聯繫的反應。桑戴克的實驗顯示還有一個因素也在此中工作，這個因素他稱之為效果律。簡單講起來，效果律說明：假如一種反應的結果是滿足的，則反應與牠的刺激之間的關聯將變為比較的堅固。這種效果律是我們在每日事件中所慣聽的。我們平常學習對於我們有特殊價值、關係或意義的事物感覺最容易；同時學習能夠達到我們目的和滿足我們慾望的事物也是這樣。此處如要敍述各種足以促進學習的滿足也許佔據不少的篇幅。訓練獸物的人應用效果律去訓練狗、馬做各種的技能；他們的方法就是在做好了技術以後，給獸物一些東西吃，使他們滿足。兒童對於有讚許的工作，有樂趣的工作、和有獎賞的工作學習得最快。可以說，我們每日在生活之中所得着的滿足常是不可勝數。當一個反應發生而且依據社會的標準判定是非以後，所得的成敗，對於學習的準確和難易都有很大的關係。總之，學習上特殊的關聯，大部份要看對於最初設創的瞬迫力能滿足到若干程度而定。

完形（Gestalt）心理學更注重學習中意義與關係的重要。我們學習事物，乃是由於事物是能適合全部的情境，在這全部的情境中事物也是其中的一部份。假如我們設想個人腦海中有了相當的目的和主旨，那麼他學習時常能達到他所定的目的和主旨。完形心理學着重學習中情境的關係意義和旨趣認為這些都是有助於學習的。

討論和研究問題

1. 在你所觀察的兒童中或你自身的或他人的經驗中，舉例說明類似巴夫洛夫的狗對於鈴聲反應的習慣。

2. 交替反應的學說，在何處對於全部人類學習的說明似嫌過於簡單？

3. 成功是什麼？失敗是什麼？

4. 桑戴克在最近的實驗中曾經假定在某種反應以後，說『是』與『非』是等於獎與罰。在何處說『是』是等於一種獎勵？滿足如何可與個人做對某種事情的認識發生關聯？

5. 閱讀關於完形心理學原則的書籍（cf. Edna Heidbreder 所著七大派心理學—— Seven Psychologies ——由 D. Appleton-Century Company 在一九三三年出版）而將這些原則引申到教育上去。

第四章 驅迫力

一個人要想明瞭行爲的性質以及使我們滿足和煩惱的情境，必須了解人類基本驅迫力的性質。也許所有的驅迫力都可溯源於身體內部和身體表面上的各種狀態。許多心理學家曾經列出許多人類基本的驅迫力，而這些表中所列的項目都各有不同。研究人類動機的學者托爾門（Tolman, E. C.）曾經擬了一張基本的驅迫力表：食慾——饑、渴、疲勞的要求，排泄的要求，感覺帶的要求，憎惡心——懼怕，好勝。

在這些驅迫力之中，飢餓是最容易明瞭的一種。生理學家研究飢餓，發現當胃中空無食物時，胃牆上平滑的筋肉常產生一種有節奏的捏搓動作。這種筋肉的動作在空胃中常能使人難過，可以產生我們平常所熟悉的餓痛。這種餓痛是非常的煩惱，可使有機體自動地激起來去尋找食物。這種生理上的過程在各種有機體中均有的，自下等動物起到人類止。所有的動物都是一時一時地被飢餓的需要所驅迫去尋求食物。這種有時間性和有規律的驅迫力乃是人類活動的主要原因。

在上表中列出的其他驅迫力也可溯源到生理上的原因。有幾種驅迫力也許並非起於身體內部的刺激，而是由於身體以外的刺激所激起的。亮光或大聲可以引起頭向着亮光的地方轉，或閉着眼睛，或用手掩着耳朵。一根針刺在皮膚上可使手縮回去，或者皮膚上叮着一只蒼蠅或蚊子，可使人去摸着皮膚或將蚊蠅趕走。

在人類中，這些驅迫力並沒有規定的獲得滿足的方式，從最初的嬰兒期起，學習卽開始進行，使得嬰兒逐漸增加技能和能力以滿足他的急迫的需要。吳偉士(Woodworth, R. S.)在他的動的心理學一本小書中，指出行為的進程或支流是一種蔓延的和複雜的反應，他稱之為準備的反應；由這種準備的反應可以引到完成的反應，這種完成的反應可使生理上基本的激動減少。這種尋求食物以滿足需要的準備的反應，變成非常的基本化，以致在活動中得着一種驅迫的能力，而獲有驅迫力的性質。所以有時要追溯我們行為中最初的基本驅迫力雖非不可能，却是非常的困難。試追溯我們行為中生理上的基本驅迫力，有時對於人類行為性質的了解並沒有多少實際上的指導。下面一張從華村(Watson, G. B.)與司班斯(Spence, R. B.)二氏所著人類驅迫力列表的摘要，可以幫助我們了解成人，特別是男女青年的社會的行為：

1. 人類有一種趨向，想從身體上缺乏的狀態中(痛苦、飢餓、性的需要、睡眠的需要)進到身體上滿足快樂的地步。

2. 人類有一種趨向，想從失敗、挫折、失望的狀態中進到成功、精通、立業的地步。

3. 人類有一種趨向，想從被人不理或輕視的狀態中進到被人看重、認識、讚許、羨慕的地步。

4. 人類有一種趨向，想從被人遺棄的狀態中進到被人親愛、熟識或安慰的地步。

5. 人類有一種趨向，想從煩惱、不安、懼怕的狀態中進到解放、平安和心快的地步。

6. 人類有一種趨向，想從煩擾、憂悶和單調的生活中進到冒險的，有新經驗和豐滿的生活。

這張表不能使我們明瞭每個人的全部的驅迫力；因爲各個人的興趣和動機是極端地特殊的和個別的。假如我們所渴求的是成功，這種成功常是一種特殊的成功，不論是一種徑賽上的成功，網球上的成功，學業上的成功，郵票搜集上的成功，或做飛機模型的成功等。假使我們所渴求的是羡慕，這種羡慕可爲某個人的羡慕，父或母的羡慕，兄和姊的羡慕，教師和遊伴的羡慕，或因某種特殊的原因而被羡慕，如面容好看，穿鮮豔的衣服，有强健的體格，會跳舞等。假如我們所渴求的是一種親屬的愛，這種愛可屬於一家，一個特殊的家庭，可屬於一個學校和學校中一個特殊的班級，或屬於一個特殊的俱樂部和會社。假使我們所渴求的是保障，這種保障可爲在學校中不致於失敗，或得到醫生的診治。假使我們需要新的經驗或冒險，這種新經驗可爲到鄰近城市去遊覽，或到娛樂的公園去旅行，或坐飛機去遊覽，或參加大規模的茶會。我們要了解一個人的行爲，必須澈底明瞭每日推動他這種行爲的需要、渴求、慾望和願望。

驅迫力與習慣是不易分辨的。當狗聽見鈴聲同時看見食物時就分泌唾液，好像對於鈴聲也發生興趣，同樣地，人類對於關鐘和其他訊號發生反應，而這些訊號並非是他們原來反應中的一部份。我們有許多的反應是獲得的。例如，許多兒童或成人所搜集的東西，其中很少是足以代表天賦和基本的興趣的。習慣可以產生一種衝動或主動的力量。學校中的教師為要發現動機，可以根據過去獲得的習慣作為推進力。一個人對於他較為熟悉的事情，常可比較地易於發生注意。

兒童的驅迫力示例

A. 成功。

1. 在學校學科中。

a. 精通功課。

(1) 有做完指定功課的正確能力。

(2) 在一班中有特殊的成功，

(甲) 美術課中的圖畫被選陳列。

(乙) 做成可玩的東西如玩具等。

b. 考試及格。

c. 學業分數，

2. 在運動中或體育中的成功。

3. 在社交方面。

a. 受人歡迎，

b. 與人友好。

4. 在領袖能力方面。

5. 在特殊能力或娛樂方面。

舉例：鎗法射擊的準確。

6. 在課外活動方面

a. 參加辯論

b. 在學校戲劇中參加主角

7. 在賺錢方面

8. 在完全出席方面

9. 在個人的儀容方面

B. 讚許。

1. 由何人

a. 教師

b. 父母

c. 朋友

2. 爲何非

a. 個人整潔

b. 行爲

(1) 慷慨

c. 成功

(1) 運動

(2) 學業

(3) 任學校活動中的領袖或職員。

d. 常在校中。

e. 幾種特殊的所有權。

C. 屬予的意識。

1. 俱樂部、會社等。

2. 教師。

3. 父母。

4. 家庭。

5. 異性。

6. 學校。

7. 朋友。

8. 同性。

9. 體育隊。

10. 國家。

D. 安定。

1. 家庭方面。

父母的愛。

2. 學校方面。

教師。
3. 友誼方面。
4. 經濟方面。
5. 校舉方面。
6. 個人的儀容、衣服等。
7. 學校當局的公正。
8. 運動的能力。
9. 社會的活動。
10. 擇業方面。
11. 普通能力。
12. 做適宜的工作。
13. 享有什物。
14. 學校與家庭間有良好的關係。
15. 不受餓。

10. 在一班或會社中獲有職位。

17. 異性的安慰。

18. 高等教育（升入大學等）。

19. 宗教方面。

20. 國家的安全。

E. 新經驗。

1. 遊歷。

2. 浪漫，

3. 看書，看影戲。

4. 遊學。

5. 冒險。

6. 新朋友。

7. 社會的活動。

8. 運動。

9. 個人儀表。
10. 娛樂。
11. 第一次或新的工作。
12. 新的學校工作。
13. 探險。
14. 心理上的生長。
15. 學校規定生活的改變。
未料到的假日。
16. 自食其力。
17. 發明。
18. 離校。
19. 領袖能力。

討論和研究問題

1. 成功是否與被讚許和榮耀相同？其中一種是否可與他種分離成立？兒童作足球戲時是否爲着得到讚許和榮譽，或係爲着享受這種活動、遊戲、比賽以及可能的得勝的快樂？
2. 青春期的男女將要憂慮何事？
3. 在代數課中如何可以免除單調，而增加工作的興趣？在法文課中如何？在自然課中如何？在公民課中如何？
4. 有謂兒童的不良適應，多係出於缺乏安定和憐愛，教師當如何給予兒童一種較大的安定意識？
5. 假如每個人的慾望都是特殊的，他們的慾望從何而來？追述你所知道的幾個學生因特殊的成功而得着滿足的發展？
6. 學生最渴求的是何種的成功？
7. 你如何進行發現一個男孩或女孩所有特殊的驅迫力？爲什麼發現兒童的驅迫力認爲是重要的？

第五章　行爲的機構

嘗試與錯誤　滿足我們驅迫力之最低劣的學習，是謂嘗試與錯誤的行爲。在任何時候，任何動物都有一些固有的反應。這些反應都是爲應付特殊的情境或刺激學習得來的。在任何固定的情境之中，某種的狀態可以激起適當的反應；這種反應可使有機體滿足原來激起反應的慾望。但是動物有時常要遇到挫折的情境，在這種的情境之中，平常的反應不能滿足；於是動物乃隨意地試用其他各種的反應，直至有某種的反應被認爲是適當的，而能引到一種終結的反應。

這種學習可由桑戴克對於貓和其他動物的實驗中得到例證。將一隻貓放在一個籠子內，籠子的門可由轉動門鈕開放，籠子外面放着食物。貓開始要試用各種方法逃出籠子：如亂撲、伸抓，直到後來無意中碰着門鈕，轉動開啟而逃出了。假如在同樣的情境之下實驗，則貓每次所需要開啟的時間將逐漸減少，到後來，貓一被放進去立刻就知道如何開門出來。這種嘗試與錯誤的學習，乃是最低劣的學習，可以產生應付某種驅迫力的滿足。

在學校兒童中也有同類的學習。一個兒童進入一個新教室須要與同教室中其他的兒童爲友。根據過去的習慣模式，這個兒童或是不與他們同處，或與其他兒童爭打或怕羞或詢問其他兒童一個問題，或向其他兒童建議一同工作。總之，他要應用過去用過的反應以適應這個新奇的情境。

智力的應用　人類特殊的反應，乃是應用智力以應付這種情境，這就是說，人類有應用語言或其他符號的反應的能力，因此人類不必去嘗試各種動作，而可坐着思想各種方法，以達到最後的結果。假使人類的經驗和智力是非常的充分，他更可用思考的方法，決定最經濟的和最有效的動作，以應付和解決困難的情境。

驅迫力消失　人類還有其他的方法，以應付困難的情境。一個人可讓他的驅迫力消失。不過我們對於有些驅迫力是不能採用這種方法的。例如我們不能棄絕飢餓需要的滿足，因爲飢餓是必須滿足的。但是有些次要的驅迫力可以因爲情境的改變而消失。兒童經過商店時，看見玻璃窗內陳列的糖果或玩具，當時很想需要；但是不久他的注意力轉移到別的事情上去，原來的慾望就消失了。

延遲滿足　驅迫力的滿足有時可以延遲。性的驅迫力可以在社會習俗的制裁之下，延遲發生，即其一例。這種延遲滿足的方法有時更可利用，而將原來的注意轉移到其他的方面去，或用其他的活動來代替，如娛樂、運動、音樂、藝術或宗教。

各種行爲的機構　心理學者也曾認識其他各種奇怪的行爲機構；憑藉這些行爲機構，個人可用間接的方法以達到他的願望，有時另用一種類似的反應以代替原有的反應，或用其他迂曲的方法以達到慾望的滿足。例如，一個兒童在學校中遇着一個算術上的問題，他並不自己思考以求解答，而去抄襲他人的作業。這些心理上的機構，可以說明我們各方面的行爲和思想。有時，牠們可代表適應上最妥當的方法；有時，牠們却與現實隔離太遠而是有害的。所以我們明瞭了這些心理上的機構以後，我們就能了解我們每個人可能發生的不良的心理上的習慣。

表同 當一個人要尋找一個滿足需要的方法，或逃避煩惱的方法，他可以很自然地去觀察別人如何解決同樣的問題。兒童可以很自然地觀察他的父母或兄弟、姊妹的行爲以得着爲人的方法。他的長者已經學着了如何去得着他們的需要；他們的力量、技能和能力乃是他所欽佩的。所以這個兒童將要採取他父親的步驟，他母親的表情和他哥哥的擲球或執棒的姿勢。從前這種行爲名之曰摹倣，但是心理學家已確實地證明，假如摹倣是當作一種機械地抄襲他人的動作，則這種摹倣是不能存在的。所以，這種觀察他人的動作因而自己發生類似的動作，可以比較妥當地名之曰表同。通常這種行爲是不自覺的。我們常是從我們接近的人物中學着禮貌、服飾、談吐，甚至思考的方法而不自覺。

舉例：

1. 女子從她所羨慕的女明星學着頭髮的裝飾。
2. 男孩子學着他在大學讀書的哥哥所說的語言、俗話、和所穿的服裝。

3. 學生學他所歡喜的先生所寫的字體。
4. 不needs要戴眼鏡的男孩子一定要戴眼鏡。
5. 歡喜唱歌的學生學着他的音樂教師唱歌的姿勢。
6. 北方人學着南方人的口音。
7. 男孩子學着卓別麟走路。
8. 男孩子口中含吸小烟管。
9. 女孩子學着她母親抱嬰兒的方法去抱洋囝囝。
10. 男孩子學着他所歡喜的足球、籃球或棒球明星的儀表。

補償　人們還有一種間接得着滿足的機構就是補償。常有許多人因爲身體上有缺陷或無能力而不能得到他人所得着的滿足。一個兒童假如是肥胖，或是矮小，或有疤痕，或是跛足，或有病，或是遲鈍，當然受着阻礙，而不能像其他兒童同樣地成功。但是這些兒童乃設法從他們別種的才能方面，儘量發展以圖補償。例如，學業不良的兒童或許在體育方面，儲蓄方面，或交際方面有相當的成功。反之，軟弱有病，因之體育方面不能勝過人的兒童，多半是格外地用功讀書。面貌不秀或衣服破舊的兒童，可用良好的禮貌或活潑的性情來補償。這些都是個人用以代替別方面缺陷而取得滿足的方法。這種機構是愛德拉(Adler, A.)

所說明的，而現在的|愛德拉精神治療學派，對於補償機構的了解還是特別地注意。

舉例：

1. 得着劣等分數的學生倒是教師的幫手。
2. 跛足的兒童不能參加運動，但是擔任學校體育新聞的編輯。
3. 某生學業成績低劣，但是運動成績優良。
4. 某生運動成績低劣，但是學業成績優良。
5. 某生並不是運動員，却是運動部的幹事。
6. 某生學業成績低劣，但是在表演戲劇方面有特別的成功。
7. 某生不會做幾何，但對於幾何圖形却畫得很好。
8. 口吃者在文字方面却有特殊的發表能力。
9. 幾個跛脚的學生會吹管樂器，而且吹得很好。

逃避的反應 有許多行爲的機構可以總括在「逃避」的項下。最普通的一種就是幻想和空虛的生活。這一種得着滿足的方法——逃避現實生活而在理想和幻想中得着快樂——有時稱之爲內傾法，而由內傾法中得着快樂的人可稱之爲內傾者。個人非但可由幻想或空想中得着滿足，也可從省籍和雜誌中讀着冒險的故事，以及從看電影中都可得到代替的滿足。從這些方法中得着滿足是很正當的，並且在有節制的條件之下也是無妨害的；但是假如兒童完全信靠這種幻想，而不顧到現實，將來他們遇着實際生活時不免要受到妨害。

舉例：

1. 一個很孤單，不善交際和沉默的兒童，喜歡閱讀驚心動魄的故事。
2. 一個很貧窮的兒童，常是幻想並告訴他人，他將來有錢時將如何辦法。
3. 一個功課不能及格的兒童，常在讀書室中，幻想他將要成爲一個大運動家。
4. 一個胆小離群和不善交際的兒童，幻想他將來要成爲婦女交際界中的人。
5. 一個對於本身家庭情境覺得難爲情的女子，常歡喜閱看美好家庭和花園的圖畫，並要想她將來長大時，要有美好的家庭。
6. 一個從鄉村到城市來的兒童，常說情願獨處一處，而不欲與城市兒童往來。

防衛反應　還有許多的行爲機構可以總括在「防衛」的項下一個兒童本來是胆小的，却想掩飾他的胆怯而有鼓吹的行爲。假如一個兒童常是大聲挑戰，常與人尋事，常存着侵略挑戰的態度，常欺侮幼小，或常有像成人說大話的行爲，乃是一個可疑的兒童；他這些行爲也許是想掩飾他的極度的懼怕和胆怯。假使兒童懼怕考試不能及格，或在運動場中比賽不能得勝，他不免要想出各種不正當的方法以防衛自己。這些行爲的方式，可名之曰外傾，而應用這些行爲機構的人，可名之曰外傾者。

舉例

1. 一個欲與男子交際而未能成功的女子，乃變成一个大膽和頑皮的女人。

2. 一個原來膽小的男孩子，在一羣較他年幼的兒童中有意顯出矜誇的樣子。

3. 一個不受人歡迎的女子，要引起他人的注意，乃穿戴鮮豔的首飾和衣服。

4. 一個遲鈍的兒童，常在教室中用咳嗽，或丟棄紙張的方法，以遮蓋他的愚笨。

5. 常能在體格上欺侮他人的兒童；在智力上却是失敗的。

6. 一個身材短小的人，常用大聲談話，以遮蓋他的短小。

7. 一個不爲同學所喜悅的人，常在其他朋友中吹噓他的勝利。

轉移　這个轉移的機構，最初是由心理分析家所正式注意，也是我們日常生活中所常見的。我們常用已經對待別人的態度，去對待迥着類似我們的人。例如，兒童常用在家中對待父母的態度去對待校中的敎師。有時，假如新的個性是與過去所對待的人有相同的特點，那時這種轉移更可容易實現。例如，一个人遇見像他老友的新交，他對於這位新朋友容易發生好感。反之，假使這位新交有些地方如體儀、面情和動作，像他所不喜歡的朋友，那時，他對於這位新朋友一定容易表示不快。

舉例：

1. 有兩個孿生子在某校常是要好，不能分開。近來，其中一人生着癆病被送到療養院，還有一人離校後，最初若有所失。後來他遇見另一位酷像他生病的兄弟，如是他們倆人漸成莫逆，像孿生子一樣地要好。

2. 哈雷和他的父親頗有好感，特別對於體育，兩人都有共同的興趣。後來，哈雷進入中學，對於體育指導發生好感，而逐漸將他從前對父親的好感轉移到體育指導的身上。

3. 一個女子到城市中學去讀書。她對於中學校長是非常歡喜的，因為這位中學校長很像他的父親。

4. 在轉移母親的愛到女性的愛時，男子常易選擇與他的母親的性格相似的女子。

5. 愛德從甲校轉到乙校。甲校是他的理想學校，他並且決定志向要効忠甲校。但是不到一年，他是被派代表乙校對甲校作比賽。這個問題當初使他很感困難。後來他決定參加比賽。這樣一來，他已將從前効忠甲校的心，轉移到乙校了。

回歸　一個人遇見一種足以阻礙滿足他的慾望的困難時，他常是將這種困難拋開而尋求其他滿足的方法。假如他的習慣上的反應不能發生效力，而所遇的情境，又無其他容易解決的方法，這時他會自然地回到過去的經驗，而尋求一種滿足行爲的方式。因此我們常有發現，一個人爲要尋求滿足的適應，將不惜回到我們所謂兒童的或幼稚的行爲方式。當我們年幼時，我們有些幼稚的滿足需要的方法。我們要哭或撅嘴，或頓脚，或發脾氣。我們發現成人有時也用類似兒童的方法以獲得滿足。這種回歸的行爲，常與別種名之曰「固持的」行爲機構有關。假如某種兒童的或青春的行爲，常是在某種情境中發現，這種行爲卽有一種堅定和固持的傾向。因此，我們發現有些成人在某種情境中是永不見得生長的，他們常是應用兒童的行爲方式。事實雖是如此，而這些人倒反覺得這是他們獲得所需求的滿足最容易的方法。

舉例：

1. 被改正後卽要撅嘴和含怒不言。
2. 因失敗而哭。
3. 在遊戲中受傷回到母親那裏去得安慰和同情。
4. 被改正後，不肯繼續工作。
5. 緊張時應用嬰兒的語言。
6. 在戀愛失敗後回到母愛。
7. 不隨心所欲卽哭。

8. 情緒上受激動時即氣急。

9. 不隨心所欲即發怒。

10. 考試結果如非所料，即將試卷撕毁。

托辭　還有一種平常遇見的行爲機構可名之曰托辭。有時我們的行爲是不合理性的，不合邏輯的，意氣用事的，奇怪的或特別的；但是我們常是對於我們的行爲加以種種理由，使得他人和我們自己覺得是正當的。雖然有些托辭性的說明是很明顯地爲着解釋困難的情境，但是我們日常中有許多托辭性的行爲而不自覺，而且對於托辭性的行爲並不願意承認。在托辭性的行爲中，我們對於情境缺少公正的認識，同時缺少承認事物的眞價值。我們對於情境中的某方面特別地提出注重，而忽略了其他的各方面。因此，我們常是發明我們認爲是合乎邏輯和悅耳的理由；其實這些理由，乃是經過愼重的選擇而是爲滿足我們的需要而提出的。

舉例：

1. 藉口家中工作過重，而說明缺少功課的準備。

2. 藉口他人的欺騙，而說明考試成績的低劣。

3. 失敗而歸罪於他人。

4. 考試不及格而歸罪於不能看見黑板。

5. 缺乏準備，而說是身體有病。

6. 功課不及格，而歸罪於教師教學的不良。

7. 學拉丁文不及格，而說是對於拉丁文無興趣。

8. 投籃不準，而說是手痛。

9. 要想賭博而說玩撲克和擲骰子，可以增進算學的智識。

10. 學校中發生風潮，而歸罪於某早報的宣傳。

11. 想在中學校求一職業失敗，因而說出在中學校求得職業的某人沒有好的結果。

12. 遲到學校，而歸罪於母親未能按時起身。

13. 球隊未能組成，而歸罪於指導員。

14. 在大學預科中未能考試及格，而說是因爲沒有興趣。

抑制　還有一種爲佛洛意德（Freud）解釋得很詳細的行爲機構，就是抑制。有時，一個人將要做某種事情，這種事情可以使他發生懼怕或羞恥，或者他可相信某種真理，這種真理可以使他煩惱。本來他可坦白地和公開地應付他的錯誤中或想像的情境中的事實；但是他卻有一種傾向要將這種事實忽略過去，或將這種真理隱瞞。他並非是有意識地或自動地抑制事實，而是個人有時完全不覺地抑制下去了。有時，抑制的事實爆發成爲奇特的行爲，使得本人和他的朋友都不能了解。在托辭性的動作中，抑制常是在其中工作。個人所提出作爲掩飾的理由，常被他自己認爲是真正的理由；而真正的理由也許是他不自覺地要規避的，但他却完全不知道。例如，一個學生可真實地相信不健全的身體，繁重的家務，或課後在外工作，乃是他在校中成績不良的原因，而不知真理却是因他缺少能力。有時，個人認識了抑制的存在，而對於舉發抑制事件的人，常以暴力應付。例如有許多人受智力測驗，而發現他們的成績是低劣的以後，就要歸罪於測驗本身的不可靠，或藉口他們沒有準備或身體不適。抑制與壓制是有分別的。壓制是一種自覺的遏制，而抑制乃是一種不自覺的遏制。例如，一個人說他願意繞一條街路回家，因爲他有朋友隨行；其實他乃是有意不要經過他所不歡喜或所懼怕的某人的家。他壓制走近路回家的傾向以與朋友同行，但是他抑制了他的懼怕或憎惡的真正原因。

舉例：

1. 不願游泳——大概在年幼時，看見一個同伴被淹死了。
2. 非常懼怕閃電——大概在年幼時，曾被閃電驚昏過。
3. 不願意唱歌，因爲在幼稚園時，教師說他不能唱歌。

4. 不願與任何動物接觸——大概在年幼時曾被狗咬過。

5. 不自覺地不歡喜各種外國語，因爲從前讀「拉丁」語不及格。

6. 不願參加戲劇或辯論，因爲初次的嘗試是失敗的。

7. 不願在化學實驗室中工作；因爲年幼時曾被爆竹灼傷過。

投射　這一種與「托辭」頗相類似的行爲機構就是投射。我們常有一種傾向，想將本來是屬於我們而却不爲我們認識的屬性，指引到他人或甚至到物件上面去。例如，木匠說他的工具不好，兒童說明他的不及格是由於鉛筆不好或墨水用完了，都是採用一種投射。學校中的兒童，常會自然地將他們自身應負責的事情歸咎於教師的身上。『某教師使我不及格，』這是得着低劣分數的學生所常說的。個人常怨別人對他冷淡隨便，感嘆世態炎涼，而不知自身對待別人多半就是如此。個人常講鄰舍多說話的，自身也許就是多說話的人。

舉例：

1. 批評他人勢利。

2. 報告欺騙，而自身却隨時遇着機會就做欺騙的事情。

3. 非常歡喜揭發他人不誠實的事情。

4. 常說他人「挑剔我」或「戲弄我。」

5. 在閒談中歡喜批評他人。

討論和研究問題

1. 說明學生從家中轉移到校中的幾種行爲？

2. 表同何時應用適當，何時不適當？當你說有幾種行爲的模型是不宜於抄襲的，你有一些什麽標準？

3. 補償是否當爲一種滿意的適應方式？在何種條件之下，你將如何分出，何爲適宜的補償，何爲不適宜的補償？

4. 是否所有孤獨的幻想都是不良的？什麽使得孤獨的幻想不良？

5. 試擬幾種規則可以幫助個人學習避免托辭的傾向？

6. 在本章中所列出的各種行爲機構，那些是近於托辭的形式？

7. 在本章中所列出的各種行爲機構，那些是近於補償的形式？

8. 盡量列出你所知道的初中學生所要補償的情境？

9. 盡量列出你所知道的學生所要托辭的情境？

10. 在各種行爲機構中，從你自身的經驗，每種補充三個例子。

第六章　行爲模型的分析

在本章中，有許多隔絕的片斷的行爲要逐一列出而加以分析，並將追溯這些行爲之可能的開端以及與牠們有關的行爲機構。這些選出討論的行爲，當然只是許多行爲中幾種可能的或重要的種類。這些行爲的模型也可認爲是各種的徵象，牠們代表兒童在學校中和家庭中應用解決他們問題的適應方法。本章中對於各種片斷行爲的分析當然是代表的，並不能視爲是完全的。有時，你的腦海中所想到特殊的兒童，也許顯出與本章中所列出的行爲模型相同，而發生的原因也許各有不同。所以本章的敘述乃是刺激關於行爲的一些思想。假如教師能從壓迫力的觀點，即適應後得着滿足，不能適應時要設法補償，來解釋行爲，當然比較另一個教師解釋學生的行爲是由於懶惰、固執、堅強或愚笨的，要能多多地了解兒童。

除非直接叫着時，不願自動地參加教室中的工作，情願坐在旁邊。　這種普通的現象，常可在教室中的兒童觀察到。牠的解釋和開端可從幾方面而說明。在教室中不願自動參加工作顯明的原因，乃是懼怕失敗或懼怕受窘。或許有好幾次兒童曾經嘗試參加教室中的討論而不爲教師所注意；假如他的反應得着教師的嘲笑或戲弄，或同班的冷笑與蔑視，他將抑制參加教室中活動的傾向。他乃退隱，以免另一次的嘗試仍舊要得着類似的失敗和嘲笑。

在另一種兒童中，不肯參加教室中的活動，也許是由於在家庭中受了父母或兄姊的壓制，而養成了一種自卑的態度。這種兒童常願逃避困難的情境，他想遠離家庭中其他的份子，而用沉靜不多事的態度以免他人注意。這種習慣，不久即由家庭中，轉移到學校的教室中。

還有，這種行爲的方式可用表同來解釋。也許這個兒童是生長在一個靜的家庭。他的父或母或雙方在各種情境中，都保持一種沉靜的態度，不願發表意見，以及常保持自己的觀念。當然，這個兒童將要學着他的父母或家庭中其他的份子，作爲他的模範；而將在任何團體中採取同樣的態度。

還有，這種沉靜和不願參加的行爲，也可作爲引起注意的方法。假如沉靜的兒童可以表現聰明，而在教師喊着時，他可從容地回答，說出正確的答案；這樣他可用這種方法得着榮譽，他將被稱爲班中聰明的份子。有時，聰明的兒童因爲擔任班中過多的工作，常得着低等的分數。假如這種兒童不願自動地參加工作，則係由於工作的本身缺少刺激，不能引起適當的興趣，因爲對於工作不發生興趣，兒童當然不願自動參加工作。

這種不願參加教室中活動的兒童，是不應以惰情或隨便視之。無疑地，在每件事項中，充分的調查，當可發現眞正的理由。

在教養中顯示一種趨向，常要做正課以外的事情，注意力不能集中於教室中的練習，常分心到課外

的事件上去，　這是一種很明顯的逃避的行爲機構，而表明缺乏應付教室中工作的能力。有時，這個兒童是遲鈍的，或程度不够，或感覺工作困難。當他的注意力不能集中於教室中的活動時，不免就要轉移到其他的事件上去。聰明的兒童有時也有不集中注意於教室中的工作，但是他們的理由却是不同的。聰明的兒童或許一眼就可看出問題的解答，而在班中尚在討論此種問題時，他的注意力早已移到別處去了。

對于遲鈍的兒童，注意的不集中，是表明應將這個兒童調到工作不感覺困難的一組中去。對于聰明的兒童，注意的不集中，是表明這個兒童應調到多能引起他的智力的一組中去。同時，在考慮班中缺乏注意的時候，也要設想是否由於課程內容的不適合。例如，在一班研究造句的文法，分析或語言的比擬課中，任何常態的兒童，將要轉移他的注意力到比較有興趣的事件上去。

在上課時常現不安，常易分心，常起立和走動，撩削鉛筆，開閤翻字典，或與朋友談心。　過分活動的兒童常是不能安定，而必須繼續在教室中移動，或在椅中移來移去。這種兒童或者由於甲狀腺過於活動，而使他不能安定。這種兒童的身體多是瘦長無肉的，而他面部神經的緊張，也是很明顯的。

在另一方面看來，不安定尚有其他的作用。教[illegible]室中不安定的行爲，也可稱爲逃避的反應。因爲某種理由，兒童感覺對於他的手邊工作不易發生注意，所以他的不安定和分外的活動，乃是嘗試逃避他所不能做的事。有時，一個學生常不易自己安定坐下工作。他必需經過許多不必需的準備動作，才可安定地坐下工作。他的鉛筆必須削得很尖，材料必須取出和放在正當的地方。

在某種情境之下，不安定乃是兒童方面一種高度緊張的表現。或者，兒童是發現了在家庭或學校間某種情境的衝突，因此他所保持的緊張狀態，乃在不安定的身體活動中發洩出來或者，學校中社交的情境也可引起高度的活動。這種情形在男女同校的學校中更加顯明，在這裏男生和女生可以互相刺激，結果所增加的緊張狀態，將從筋肉的舒展中發洩。

我們可以設想這種不安定乃是補償的一種，或是引起注意的作用。當然，兒童在上課時因過分活動而引起教師的注意，可以使他出名。而這種出名不是用功讀書所能得到的。尤其是某種兒童不能在其他方面得着他人的滿足時，更加需要這種出名的方法。

假如兒童在其他方面，覺得自卑時，或者他可在這方面亂動而覺得有所成就，藉以補償他的自卑心理，雖然這些活動是無意義的。最後，這種不安定可歸出於回歸的活動。假如他手邊的工作是他的能力所不能做，而他又無其他方法可想時，他不免就要應用幼稚的行爲，例如做小丑以娛樂其他的兒童，或引起他們的注意。

差不多在每種情境中上課時的不安定，乃是表明手邊工作的不適合。

常遲緩或遲到，剛在上課前潛入，在班中工作常居於後，要求多有時間，延擱。 學生常遲到學校或遲進教室的傾向是非常煩擾的事，因爲這種傾向，是以破壞團體的活動。這種傾向可從幾方面來解釋。

第一，兒童或許有些身體上的缺陷，如跛足；這種缺陷可使他行動不能敏捷。有時，遲緩的兒童是由於缺少甲狀腺的分泌。行爲上的差異常是由於分泌腺的過多或過少而決定；例如在昏睡病情況中，原因是由於甲狀腺過少而產生衰弱的新陳代謝。

第二，兒童遲到也可由於家庭的關係。試想一個日常生活常是遲緩的家庭。父母遲緩起身。父親常是急促地趕上車子。在晚間出去作客時，母親裝飾常是遲緩。或者家庭裏的鐘常是慢的，或者故意地將鐘撥快以免遲到。在這種家庭中生長的兒童，自然地會學着他的父母的行爲模型，而會時常遲到的。

再者，遲到的傾向，可由於草率的計劃習慣或無思慮的展望。有些兒童在上完一節課以後，不知下一課要到什麼地方去。假如他下一課要到三樓去上課，他或許先要到一樓去取書。他事先並未想到取書，等到上課時才想到，到一樓去取了書再回來上課，就不免要遲到了所以草率的工作計劃乃是不能準時工作的一個說明。

還有，遲到的傾向也許是引起注意的一種方法。有些學生歡喜嘗試在上課時剛到學校而實際上不致遲到的緊張生活。他們歡喜同學們注意他們進教室時急促的神情，和教師不喜悅的面色。

常是過分地整潔，對於細節非常關心，常希望工作做得很完善，而不致有擦去的痕跡或有錯誤。 有些人對於通常所讚美的美德如整潔也被包括在此討論，不免希奇；但是整潔如被應用得過分，而成爲病理學上的狀態時，這種整潔乃有改正的必要。

過分整潔的習慣可由於受着家庭的影響。假如一個家庭是非常的整潔，各種物件都有一定的地位，而且安置得很妥當，而且母親常將家中各種的物件，保持得非常清潔和有秩序；在這種環境中長成的兒童，當然對於他的附屬物，也是同樣地保持得非常整潔。整潔平常是爲他人所歡迎讚美的，因此他本身已成爲一種美德；所以後來雖然無人讚美，兒童即可從保持整潔中得着滿足。

假如兒童過分地注重整潔，那也許是一種補償的作用，以補償其他的不足。假如兒童不能做出功課的答案，他可以繳進非常整潔的課卷藉以得到好評，以作補償。

有時，過分整潔的傾向也許是一種技術，如將試卷摺得很齊，將姓名日期寫在卷子上正當的地方，可使他自己對於工作的進行有一個良好的開端。

這些傾向，實際上都是逃避的方法。用一種外表整潔的方法去代替內部解答問題的成功，可使學生逃避應付實際情境的困難。有時，幾個特殊整潔的例子，也許是爲應付幾位對於整潔有崇尚標準的教師而養成的。假如兒童能夠做整潔的工作，以逃避嘲笑、評責、屏黜或處罰，他當然要採用此種方法以適應情境。這種對於細節特別地注意，多半是與一種堅强的獲得讚美的慾望有關。差不多每個人都想保持他人對於自身的希望；假如某個兒童是被他人稱爲整潔，而他自己亦由此得着滿足，則他必盡力保持過去的地位。

對於錯誤，省略或失敗表示焦慮，表示重做或再試的堅强願望，對於這種情境顯出深切的痛苦。 在某種情境中，對於錯誤或失敗的焦慮是由於懼怕處罰、評責、厚斥及其他。不歡喜草率的兒童，或對於小小的過失即要施行處罰的家庭中所教養的兒童，多是感覺銳敏的。他對於小小的錯處或發生事項，將要表示深切的焦慮。有些過嚴而不能了解學生困難的教師，也可在感覺銳敏的兒童中，造成一種焦慮的狀態。

從另一方面看來，這種焦慮也許是一種引起注意的嘗試，一個在某種情境中顯明深切焦慮的兒童，也許是想得到教師的同情，而想利用這種同情，以逃避某種的工作，或避免某種應有的處罰。這種適應的方式是否採用，將要看教師的人格，以及她平常在其他情境中所表現同情的程度而定。

心理分析家不斷地注意年幼兒童自身的整潔與其他整潔的關係。兒童在年幼時常遇到與正常行爲不同或反常的許多情境，可使他學着焦慮的習慣與傾向。

還有，許多兒童是因爲對於他的父母或其他所羨慕的個人，發生表同的作用，因而養成焦慮的習慣。假如兒童有一個父親，常是對於家庭以內和以外的事情和經驗表示焦慮或懼怕的現象，那麽，這個兒童在同樣的環境之中，多半也會有同樣的行爲模型。

在教室中常做表演。想使他人笑。想做滑稽。在公共集會時要出風頭。　這種男女學生雙方所有的特性，可有幾種的解釋；但是這種行爲多半是與自卑的心理有關，而是一種不自覺的補償作用。大概以此種方法得着注意的男孩或女孩自身，總有一些怕難爲情的缺陷或短處，而想藉此壓制。也許這個學生的智力是低的，身體是軟弱的，或身體是有缺陷的；不論是何種的缺陷，這種引起注意的方法，乃是補償的作用。學生常歡喜作小丑的滑稽，可以博得他人的笑以作補償，並可由他人的讚許中得着滿足。

但是這種顯揚的態度，並不能全用補償的作用來說明，因爲還有其他的解釋。也有許多兒童生有良好的智力，和幽默的意識；他們使得人家發笑乃是表現聰明，並不是由於要獲得代替某種缺陷的補償，教師須能辨別一個有天才兒童自然的幽默，和一個爲補償缺陷作用而發生的顯揚行爲。

有時，這種行爲並非由於補償的需要，而是由於表同的作用。也許父親或母親或兄姊有了這種滑稽的行爲，於是兒童乃採用這種行爲以引起別人對於他的注意。

還有，兒童用了這種方法引起注意以後，不久就得了一個滑稽家的徽號。後來，時間雖然過去了，而他仍要做出這種行爲，以保持他所得滑稽家的名譽。常他走進教室時，他是受着同班的歡迎，希望他能做出一些滑稽來。有時，要使一個人不要保持別人所給予他的榮譽，幾乎是不可能的。

有時，這種教室中的動作，乃是一種剩餘精力的表現。有些學生不能將他們的精力完全限於功課中的活動，因此發洩於高聲的和强暴的行爲。同時，因爲又有班中其他份子的贊助，所以這種活動更容易流露出來。

這種活動常因團體的情境而增高。有些男孩或女孩在家中常是鎮靜；但在教室中有了一二同伴的附和，就會發生活動的行爲，而此種活動，又因團體的刺激而緊張，

有些兒童的人格是不固定的，因此這種顯揚的態度，或許是一時的現象。有時，一個兒童或許是沉靜的、深思的；但到另一時期，則忽然變爲誇張的，以引起他人的注意。

但是這種行爲多半是一種自護的技術，以掩飾其他方面的缺陷。例如，一個不能答覆問題的學生被先生問着時，忽然做出一種聰明的擬攝樣子，以引起級友的同情，同時使得教師難堪。這種小聰明可以算爲一種詭計；但是這種聰明並非與解決問題的聰明相同。

常講他的冒險事業，他所做的事情，他所到的地方，和他所會見的要人。 歡喜誇張的人，也許是利用此種行爲的方式作一種行爲的機構，以達到平常用其他方法所不能達到的適應。誇張的傾向，也可作爲一種補償，以替代其他方面的缺陷。有一種人常在大衆之前，高聲講出他的才能和事業，或使得他所接觸的人，都感覺到他的重要，這種人是有疑問的。

一個人在他人面前說出他本身重要的人，對於自身常有許多地方不滿足。所以這種說明乃是增加

自信力的方法，可以更堅強地掩飾對於自身弱點的懼怕。我知道有些男孩，他們對於學校的功課不能趕上，或甚至因爲屢次的失敗被迫離校；但是他們會將他們所得不關重要的成功，無謂地誇張起來，以引起其他同學的妒嫉。這些男孩歡喜佩帶某種學會和會社的徽章或標記，或將比賽中的銀杯或獎品陳列出來，或將旅行中的紀念品展覽出來；這些東西都是用以掩飾其他方面的缺陷。這些男女學生，將因功課的不良而被迫着參加許多的旅行和遠足。誇張的習慣也可由表同家庭中其他的份子而養成。假如一個兒童的父親常歡喜誇張他的工作，他所加入的社團或他的家庭，當然這個兒童在學校中也歡喜將他的事情誇張給同學聽。

在工作或考試時常有所說明，常爲自己辯解。 在每件事上常爲自身寬恕的傾向，是一種含有托辭的作用，目的是在掩飾自身的失敗。這種傾向也可認爲是一種補償或防衛的作用。在這種傾向之中，確有一種實際上的缺陷存在。兒童對於學校的功課，社交的行爲或運動、遊戲都不能成功，因此常採用這種寬恕的小技倆以辯解他的缺陷。這種自辯或掩飾過失的嘗試，乃是表示有潛伏的失敗和自卑心理的存在。這種過失的掩飾不免要產生實際的不誠實，可使個人將來在學業或事業方面不能實際地認識現實，同時也使個人不能直爽地和勇敢地應付事實。這些逃避現實的方法，可使個人將來在複雜的生活中更難得到一種正常的適應。

有歡喜孤獨的傾向，休息時獨自散步，很少參加團體活動，遊戲或運動。 人類自然的傾向是歡喜共同工作和遊戲。兒童尤其歡喜與同伴在一起遊玩。因此，假如一個兒童常是獨玩，休息時獨自散步，拒絕與其他同伴遊戲，情願走進教室坐下讀書；這個兒童是不合天與的，常有逃避的行爲。他或者是不能與同班學友競爭。他的同班學友或許在身體上或心理上都勝過他，而他不能與他們在運動和遊戲上競爭。因此他在自己的心目中尋找他的滿足，他的幻想可以使他得着他所渴望的成功、能力和滿足。

在別種情形之下，他也許學會了獨自工作或遊戲；他也許能從獨自工作中比較從共同工作中多得着滿足與快樂。假如他是一個獨生的孩子，而且慣於獨處一起，那麽，他確是胆小，不敢與其他兒童遊玩，或者他也許不知如何與其他兒童遊玩。有時，智力很高的兒童覺得從看書和讀書中，比較從與其他兒童共玩中多能得到心靈的刺激和滿足。

這些都是很不幸的狀態，可以奪去兒童與實地參加團體生活的機會。有時，兒童因之很堅決地壓制與他人交接的傾向。爲某種理由，他覺得與他人同玩或交友太深，是可恥的或不適宜的；因此，他常想在獨自追求中得着滿足。有時，兒童是在家中被打或被虐待，而他不能克勝他的壓制，所以對於一般的友伴也不願交結。這種不願參加團體活動的兒童應該給予特別的注意，因爲這是一種很不好的適應。

常與年齡較幼的同學在一起。 常態的兒童常與年齡相等的同學在一起交結，以謀身體上與心理上的發展。假如一個兒童常歡喜與年齡較幼的同學在一起玩，我們可以懷疑這個兒童的行爲或許是一種不滿意他的環境中非作的適應。一個能與同等年齡遊玩而得着滿足的兒童，並不需要與齡較幼的年同學交結；他能在運動和遊戲中得着地位，也能與他的同伴在智力上競爭。因此，時常尋找較他年幼的同伴交結的兒童，是因爲他不能與他同等年齡的兒童競爭。這種行爲乃成爲一種補償；爲要得着成功或卓越，他必須與他年齡較幼的同伴競爭。

當然，也有兒童是被迫着與年齡較幼的同伴相處一起，因爲他的鄰舍家中或一條街中各家的兒童，都是較他年幼的同伴。在這種情形之下，與年齡較幼的同伴相處一起，可以認爲是一種常態的適應但是我們常要注意辨別與年齡較幼的同伴相處，是否常態的或是病態的。

表現分心和孤獨的幻想，沉溺於想像的不自覺的表情動作。 孤獨的幻想乃是兒童脫離現實生活一種普遍的行爲機構。不論何時，兒童對於實際的情境感覺困難，一種普遍的適應方法就是脫離這種實際的情境。假如他在物質上不能脫離這種情境時，至少他在精神上是可以脫離的。兒童利用此種方法以逃脫困難的情境，常可在孤獨的幻想中得着滿足。在這種孤獨的幻想中，他可成爲英雄，在學業或體育方面得着成功，做出冒險事業或成爲海賊、强盜等。青年作家常歡喜描寫此種幻想的動作。例如，蘇多瑪就是一種想像的作品，描寫一個海賊的成功。潘勞德也是小說中一個人物，從幻想的描寫中得着成功。

孤獨的幻想如不走至極端以及不作爲掩飾缺點的補償，是不必反對的。世界上有許多藝術的、文藝的和創造的工作，都是自由幻想的結晶。而且藝術家的成就必須有自由的幻想，只有將這些幻想作爲解決日常生活中實際問題的替代，乃是可以反對的。假如過分利用幻想作爲解決問題的替代，這樣可使個人不能與現實接觸，因而更加減少解決他將來必需解決實際問題的能力。

當然，假如情境適合時，分心和幻想更加容易實現。情緒上的紊亂可使分心和幻想容易產生。還有，疲勞或憂悶的心境也可使個人易於分心和幻想，或者，他可學會他所交接的人的行爲模型。假如兒童的父母常是沉靜的和幻想的，而他又是唯一的兒童，又少有同伴，且必需在自身中尋着滿足和發洩，則這種兒童一定比較其他在優良的和社交的環境中所長成的兒童，容易養成幻想的習慣。

威嚇與惡意　有些身體或年齡較大的兒童常在運動場上威嚇幼小的同學，他們常是無理由地磨折或掌擊幼小的同學。他們這種行爲，乃是補償他們自身所感覺的缺陷。這種行爲的學生多是學業成績不良的份子，他們漸着身體年齡的高大而想在學業成績優良而年齡較小的兒童身上，顯出優越的氣勢。有時，他們有着其他的困難，如目力不良，衣服破舊，說話不清楚，或者甚至舉止粗魯，使得他們有了自卑的心理；因此，他們乃向年齡身材較小的兒童身上施行威嚇的動作，以求補償，而他們也知道受威嚇的人不致向他們報復。

在他種情形中，這種威嚇可以認爲是一種表同的行爲。某兒童的父親或叔父，對於他的僕役或被傭者常有威嚇的行爲；這個兒童因爲羨慕的緣故，乃將這種行爲施於他的級友。或者，這個兒童的父親常用威嚇的手段對他，而他在忍受這種不公平的待遇以後，乃以之施於較他幼小的兒童。照這種情形看來，他乃是施行一種補償的作用。

除了補償的作用以外，威嚇有時還連着很明顯的引起注意的作用。或者，這個兒童除了在教室中、走廊中或運動場上發生擾亂或威嚇其他兒童之外，沒有其他的方法可以引起他人的注意。雖然他這種行爲可使教師處罰和學友譴責，但是他是歡迎的，因爲他在這一剎那間已得着全體的注意了。

最後，這種威嚇假如進到身體上虐待的範圍如轉手指，拉耳朵，將兒童置在地上，坐在他身上很久，就帶有性的因素，可稱之曰主動性殘暴色情狂，就是指着個人對於施予他人身體上的痛苦，似乎感覺一種愉快。反之，個人對於身體上所受的痛苦有樂意忍受的傾向，這種傾向可稱之曰被動性殘暴色情狂。這些傾向的原始是很難追溯的，但是這種樂意忍受身體上痛苦的傾向和對於施予他人身體上痛苦感覺愉快的傾向，都是正常性的衝動之變態的表現。

表現不合理的誠實，常歡喜找出他人遺失的東西，而且普遍將此事告訴他人。 此種行爲最適當的解釋，就是兒童想用此法得到讚美，所以可稱爲引起注意的一種方式。他知道誠實是受人讚美的，因此他使人知道他是在做誠實的事情。

也許他的普遍告訴他人關於他的誠實行爲乃是一種補償的作用。他或者是故意地顯揚這種特殊的行爲，以掩飾其他方面的缺點。有時，也許這個兒童自身也曾做過不誠實的事情，而想在現時充分顯揚他的行爲，以圖補救。例如，某個兒童也許實際上偷竊過一件東西；後來，他想改正他的過失，常將不必歸還的東西去歸還他人。或者，別人曾經偷竊過東西，而他乃多做誠實的行爲，以與他們比較。總之，過分注重或表現誠實的行爲可認爲是一種徵象，表示在內心中比較在表面上多有問題的存在。

顯示過分地有禮貌。　將禮貌列入此表中也許覺得奇突，因爲禮貌通常是被人讚美的。但是不論何種行爲，假如顯示得過分，就有了病理學上的性質。顯示過分地有禮貌是因爲禮貌通常是被人讚美的；因此，利用此種方法以得着在其他方面所不能得着的讚美。

家庭中常有禮貌訓練的兒童，當然能有良好的禮貌。從一種粗魯和鄙俗的家庭中出來的兒童，當然難有良好的禮貌；或許可有很少的例外，或許這種兒童是從其他親戚或所崇拜的英雄中學得良好的禮貌。

顯示過分地有禮貌乃是引起注意的一種方法，而且是一種有效的方法。一個有禮貌的人常能引起他人的注意和動作。他們必須回答他同樣的禮貌或溫雅的行爲。這種引起他人反應和控制他人行爲的能力，可使兒童得到一種不自覺的權力意識。還有，任何人學着一點片斷的禮貌而是爲他人所讚許的，他將是被迫着去保持他的名譽，而他在這方面的傾向將要變成格外地顯著。

顯示過分地有禮貌，或許是一種在其他方面不能成功的逃避。一個有禮貌的兒童可以掩飾他在學校中工作的缺點。教師可以說『甲童歷史的功課並不好，但是他是一個有禮貌的孩子，而不使我煩惱，所以我不願使他灰心。』

作怒色或皺眉頭　這種特殊的行爲是兒童所常有的，而且若不改正，可以成爲成人時固定的表情。這種行爲之生理上的基礎，或許是由於視線上有缺陷。因爲視線不準確，兒童常要皺眉以得到準確的視線。

作怒色是一種含着惱怒的表情。當我們要採取恐嚇的態度時，我們常作怒色。

皺眉頭是一種集中注意或深思的表示。羅丹（Rodin）有名的雕刻『思想家，』是一個周身肌肉緊張的人像。思想時常皺眉頭，是因爲思想時眼睛常有一種適應的活動，而皺眉頭就是達到此種適應的嘗試。當一個人對於某種工作集中特別的精力時，他常有過分的肌肉活動的流露。有時，皺眉頭或許是一種疲勞或緊張的徵象。一個常有緊張生活的人，面部上多有皺紋。

還有其他的解釋。有時，這種表情或許是摹做他人的動作，有時，這種表情或許是一種深思而不自覺的嘗試，要使他人感覺到自身是有學者的才能或工作勤懇的表示。一個兒童自己不能做好工作，惟欲顯示他人以彼正在努力嘗試，此種兒童亦常皺起眉頭，以示其所採取之態度。

皺眉頭也可說是一種嘗試，看看眼睛是否廣開，而得到一種清朗的視線，正如澄清喉嚨準備演說一樣。

忽然地被叫着回答時，面發紅色或白色。 這種傾向的本身是不重要的，不過是一種較深的潛伏的情緒上緊張的現象。赧顏和面是白色乃是激起同情的神經系的表現，同時顯示某種情緒上的不安狀態。這種感覺性是因人而異的；有些人因爲小事赧顏很深，有些人却很少有赧顏的現象。赧顏常是在社會的情境中發生。牠常是與羞恥或窘迫的感覺相關。有時，牠是一種潛伏的懼怕或膽怯的表現。被教師叫着背誦時而赧顏的兒童，是有某種情緒上的緊張。赧顏常在不熟識的情境中發生；個人如對於情境熟悉，即不致赧顏了。赧顏並不是嚴重的，但是可認爲是一種徵象；有了這種徵象的個人一定是有了某種情緒上的不安。

在演說前咳嗽或做其他動作。 此種傾向之生理的基礎，乃是在演說前喉中或有某種的激動，需要咳嗽一下，以便將喉嚨清理。

但是假如喉中沒有這種激動，而仍有咳嗽的動作，則此種動作當需要更精細的解釋。這種有神經的咳嗽可認爲是一種補償的作用。演說的人或許感覺和懼怕他的演說不能使聽衆得到一個良好的印象；所以在演說前咳嗽乃是一種不自覺的準備動作，使他在演說前能够得到最良好的情境。還有，這種咳嗽是想延遲一點時間，雖然所延遲的時間是很短促的。有些人就需要這一點時間和機會以整理他們的思想。這些反應動作，都是由於根本懼怕失敗或懼怕不能使人得到良好的印象。這些反應動作乃是一種準備的動作，以幫助演說的人克勝當前的過慮或懼怕。

在他種情境之下，演說的人或許是想與有咳嗽習慣的關係人表同，因而自己習得此種習慣。在擁擠的演講廳或戲院之中，一種流行的咳嗽常可普遍到聽衆的全體。聽他人咳嗽常能引起解除自身喉中激動的需要；所以有時這種暗示可以引起一種反射的動作。

憨笑或嗤笑　憨笑或嗤笑是表現情緒上某種的激動，或是肌肉上一種普遍的緊張。當情緒上或肌肉上發生緊張時，常有一種抑制的表現，而由此種動作發洩出來。我們常看見許多青年，特別是女子，發生嗤笑；這種嗤笑，一部份是由於生長和發展上有迅速的改變，另一部份是由於新激起的社會的意識。這種憨笑或嗤笑在羣衆中更是加强。這種嗤笑似乎有一種傳染的性質，因此常由摹倣或表同而傳染出去。有時，這種嗤笑乃是引起注意的作用。還有，許多老年人常利用嗤笑或大聲的談話，以掩飾他們的缺點，如衣服破舊，不好的面部表情或不良的體貌。利用憨笑或嘻笑以引起注意的嘗試，可從年幼的時候發端。

身體上有顯著的缺陷如跛足，斜視眼，面部上有疤痕或帶深度眼鏡。這些特殊的缺陷，雖然不是行爲的問題，但是值得與行爲的徵象同時特別注意的。愛德拉在最初對於自卑心理的研究中，相信各種自卑的心理都是基於身體上弱點的感覺；換句話說，假如個人是不能達到身體上的常模時，特別是有了身體上的缺陷，他就不免要有自卑心理的感覺。後來，愛德拉不得不修改他原來的立足點，而認爲補償作用，也與自卑心理有關。

不論何種身體上的缺陷都可引起相當的補償活動。一個身材短小的人，常要昂步或闊步地走路或講話聲音宏亮，以使他人覺得他的重要；同時，不使他人注意他是身材短小的人。不論何種情形，假如個人要做出引起注意的事情，如過分的大聲或過分的熱忱，我們第一件事情就是要尋找他有無身體上的缺陷或缺點，使得他採取這種補償的活動。一個斜視眼的兒童常扮小丑的滑稽，採取乖戾的態度或在其他方面取勝，以補償他的弱點。很奇怪的，有些身體上的缺陷可使個人得到某種的滿足，因爲這種缺陷可以使他得到常人所渴望的注意和卓越。有些變態的身體上的特性可使保持這種特性的人，在馬戲場中表演；這些表演的人除了得到金錢的滿足之外，又可得到表演上成功的滿足。

我們平常觀察兒童，非但要注意使兒童表現特殊引起注意方法的身體缺陷；而且還要注意，當兒童有了身體上缺陷時，他將應用何種方法，使得他人不去注意他的短處，而去注意他的長處。

討論和研究問題

試將下列的行爲模型，依照本章的體裁，給以分析和說明：

1. 怨恨批評。
2. 在教室中注意裝飾——理髮，擦粉等。
3. 過分的謙虛。
4. 沉默寡言。
5. 做各種非常有躁急的傾向。
6. 相信他人所講的一切事實。
7. 濫用金錢。
8. 選擇繁重的工作或功課。
9. 咬手指甲。
10. 拒絕嘗試新的事情。

11. 壓迫同性的某幾個人。

12. 請求更換教師或停讀某課。

13. 批評教師考試，分數等。

14. 欺騙。

15. 請求特別的指定工作。

16. 喪志，灰心。

17. 希求達到完成。

18. 容易感傷。

19. 報告被他人戲弄。

20. 用不適當的方法，向班中職員或領袖談話。

第七章　發展良好心理衛生的普遍原則

良好的心理習慣必須在年幼時開始養成。 有一句成語說：「從小訓練兒童正當做人的方法，他將來長大時，不致走入歧途。」對於近代心理的發展仍可適用。教會常常申說，假如兒童能在年幼時養成良好的態度，這個兒童可以終身算爲忠心信徒。佛洛意德在研究精神生活中，指出我們許多基本的適應習慣都是在嬰兒期養成的。兒童最初五年的生活，對於基本的人格和行爲模型的發展是有定局的關係。從前，常有人相信個人性情和人格的特性是與遺傳有深切的關係。現在，因爲我們對於嬰兒發展和學習過程的了解，心理學家是逐漸地相信許多人格和品性的特性是在最初幾年的經驗中養成的。母親在兒童年幼時所用餵奶、穿衣、洗浴和遊戲的方法以及兒童所聽的聲音，所玩的玩具，特別是與他人的關係；這些都是養成他行爲模型的重要因素，而且可以影響他終身的人格，所以最要緊的，父母應該了解習慣養成的性質，而對於養成兒童適當的行爲標準應該早有成竹在胸。

兒童須在實行良好習慣的環境中長成才可習得良好的習慣。 幫助發展良好行爲模型的最好因素乃是優良的環境；在這種環境中兒童有許多好的行爲標準可以效法。我們現在明瞭效法他人的習慣和行爲，並非是單純的摹倣動作，而是一種適應；在這種適應中，兒童利用他所接觸人的行爲模型作爲最妥當的適應方法，以得到他所希求的滿足。年幼的男孩將要效法他的父親的態度或效法他父親如何使用各種器具。年幼的女孩常效法她的母親做各種家務的事情。兒童在學校時常要效法他所羨慕者的行爲，而教師的行爲多少成爲一種模範，使得兒童效法，作爲自身行爲的標準。父母和教師應該明瞭他們所做的比較他們所說的對於兒童多有影響。一個人可以從早到晚教訓兒童淸潔和禮貌的習慣；但是他自身所有的淸潔和禮貌的習慣，對於兒童的影響比較他所說的是重要得多了。一個人有時對於兒童學着了許多俚語、謊言、邪行、不整潔、懈怠等覺得非常奇異，而不知道些行爲的方式，就是兒童從他所接觸的人那裏學來的。

良好的身體健**康乃是良好的心理健康重要的基礎**。在研究一個兒童行爲或人格上的問題，最先要考慮的就是他有無身體上的弱點或缺陷。一個營養不足，或有慢性疲乏病，或運動很少，或身體上有缺點，如近視的兒童，當然對於日常生活很難發生良好的適應。所以要幫助這個兒童的第一件事就是要除去他的身體上的阻礙。假如這個兒童是營養不足的，則應給他有滋養料的食物吃。假如他患慢性疲乏病，則應設法使他在淸靜、通風的房間中得着充分的睡眠。假如他的視線感覺困難，則應使他配戴適當的眼鏡。這種對於身體健康的注意也許不能根治人格上的困難；但是至少牠可以供給良好適應的一個基礎。一個健全的身體狀態和豐滿的健康，乃是一個良好適應的和完成的生活的重要基礎。

兒童逐漸長大，即須逐漸增加指導自身生活的能力　在嬰兒期，兒童的各種生活都由父母決定和管理。兒童的餵食、穿衣、洗浴和排泄的習慣都由父母全部處理後來，兒童長大一些，他就發展指導自身行為的能力。他學着語言以後，他又增加了理解力，而且他有效地解答他的問題以後經驗逐漸增加，眼界逐漸開闊，他乃多能管理自身的事件。這種情形對於兒童是非常慌倖的，因為他的父母由於年齡的增加而將自身各種的行為固定了，不容易去適應新的情境。假如要求得心理衛生的適應，必須在父母未生子女前給予他們一種訓練和教育。最有效的父母教育是在嬰兒未生或生出後初期的時候。等到兒童的年齡已長，父母教育就逐漸失掉他的功效了。兒童達到青春期時，父母已經堅立了許多應付子女行為的方式，而且很不願接受教育的影響，所以要想對於家庭的適應造生根本的革新是很少有希望的。幸而在這個時期，青春的少男少女已經能夠自己處理自己；所以就是父母是不能指導時，青年男女也可自謀適應。何林華（Hollingworth, L. S.）指出青年期中心理上轉變的重要，以為非但兒童在達到獨立時感到困難，就是父母要讓兒童獨立也覺不易。所以現在中學和大學對於幫助青年了解他們的責任和處理日常生活上的問題，或許尤應多做工作。

要成青年良好的指導，教師和父母自身須先有良好的適應。　因為兒童是很迅速地學習他所接近者的榜樣，所以教師和父母自身必須先有優良的適應習慣。父母或教師假如不能客觀地估量自己，不能崇信眞理而願接受習俗，常易發怒，只能看出事情外表的動機，表現不良的情緒上的狀態，如妒忌、報復、仇恨、慣濫吝嗇、激怒、易灰心等，是不配領導生長的兒童。有些兒童是很幸福的，因爲他們能在個別的接觸中，由他們的父母或教師那裏學得穩健和坦白的習慣，這些習慣可使他們將來成爲快樂的和滿足的青年男女。

討論和研究問題

1. 一個四歲的兒童走進一間房間，裏面客人正在用茶，他無意地說出一句猥褻的話，使得客人驚異。他的母親驚惧地說：『我不知道他在什麼地方學了這些話，他所接觸的人都不致講這種話的。』實際上，這個兒童剛才聽着兩個漆匠在汽車間閒談。對於這件事情討論（一）客人都表示驚異對於兒童的影響；（二）母親不知道他在什麼地方聽見這些話的事實；（三）兒童所說的話他自己並不完全了解的事實。
2. 你曾否知道跛足的或殘廢的或病在牀上的人，對於生活似有良好的適應？他或她對於先生的態度是怎樣？
3. 爲何有些剛進大學的青年，學會了一些不良的習慣如失眠、浪用金錢和不勤功課？
4. 此句話中有無眞理：『最好的教師是一種遇見過許多困難的經驗和問題，而却能對於這些經驗和問題有了滿意的適應的人。』

第八章　養成心理衛生之積極的習慣

兒童應該學習良好的個人和社會的習慣。有良好的個人和社會習慣的人常是走向心理健康的道路。能使個人在生活中減免最少阻礙和煩惱的習慣，當然能够促進良好的心理健康。這些習慣包括許多生理上的習慣如食物的選擇、飲食、運動、睡眠和休息的節制。良好的排泄習慣也是重要的。注意整潔也可幫助個人得到自尊的意識。一個穿着整齊清潔衣服上學的兒童，當然比較一個穿着破舊襤褸衣服上學的兒童較易適應。有些關於材料和雜物的小習慣，也可幫助個人得到心理上的安靜和平衡。將用具放置在適當的地方，用後歸還原處，節省消耗，這些習慣都可使個人獲得一種正規的生活。有些對於他人的習慣更屬特別的重要，如善與他人相處一起，不使他人對自己生厭，重視他人的權益，不阻撓他人，不批評他人，對他人有禮貌，這些習慣都可使個人的進程平穩，而能使他人發生尊敬、欣賞和重視的心。已經學會如何能用他的語言和行為使得他人喜悅的兒童，可說是得着了初步滿意的社會適應，這種適應乃是良好的心理衛生第一個必要條件。

兒童應該學習做出有價值的事情才可引起注意。年幼的兒童卽要開始學習引起成人注意的各種方法。在嬰兒期，兒童卽已試用各種方法，以引起成人的注意；當初的目的是要得到飲食，後來用以達到其他各種目的。有些兒童明瞭，假如他們能做他們的父母要他們做的事情，能忍耐等待他們的需要，能和其他兒童親愛，能幫助他人，或能與他人合作，則他們的父母將要特別地注意他們。既然兒童渴求注意，而且他們將用激烈的方法以得到注意，那麼，成人所給予兒童的反應，乃是非常重要的，而且可決定兒童的何種行爲應該是讚許的。假如我們教訓兒童，他只能用我們所讚許的行爲以取得注意，這時我們是在利用最有效的方法以使他表現我們所願有的行爲。我們可以利用各種給予注意的方法，以決定兒童的行爲。有時，兒童過分地希求讚許，以致一生中得着很少的快樂，或爲着得到讚許而工作，或甚至與家庭中其他份子相衝突。這些都是不正常地求得讚許的方法。自然，我們的目的是應該使兒童逐漸地獨立，離開注意與讚許而求得自身的標準；但是注意與讚許，乃是造成這些標準有效的工具。

兒童應該學習做事成功以後要有滿足的熱情。 還有一種習慣應在兒童年幼時養成，而且可以幫助個人終身保持心理健康的，乃是在成功以後有一種勝利的熱情。有時，兒童做出許多技能的或藝術的工作，從來未爲他人所注意或讚許。因此，他們的行爲未能給予他們特殊的滿足而是被忽略了。在另一方面，有些兒童從他們所做成正當的、有思想的、或藝術的工作以後，得着最大的快樂與滿足，因爲他們的父母是注意他們的成功，並向他們和鄰居朋友讚許他們的成功。這種兒童長大時在做出公衆所認爲正當的行爲以後，能得着特殊的滿足。這種得意或滿足的熱情，對於解除心理的抑鬱大有幫助，而且可使生活豐富滿足。過去人們注重『良心』就是一種對於錯事發生有罪或羞恥的感覺，在心理衛生上更加重要的，乃是一種有刺激性的和高尚的滿足熱情，這種滿足熱情是從做出好事，解答難題或是實現了高尚的理想以後而感覺到的。

兒童應該學習單獨嘗試而不懼怕　許多人自幼時長到成人，從未學習單獨嘗試新的事情。許多成人遇見新的情境卽感覺膽怯和恐慌，因爲他們缺乏自信力。我們應該允許兒童自動地去嘗試新的工作，卽使他們所做的工作是不免不完全或有錯誤的。自然，兒童不應嘗試於他們有害的事情，但是兒童必須有嘗試新事物的相當自由，才可學習單獨地工作。通常成人感覺他們必須保護他們的兒童或代他們的兒童工作。父親常想他可以做一只風箏或一只船以幫助他的兒童；而不知他這種幫助反使兒童失去了自動做這些東西的快樂，同時失去學習嘗試新事物的機會。當然，兒童在學習時需要成人的襄助，但是襄助與代做是不同的。母親禁止兒童嘗試新事物乃是阻礙兒童的發展，並使他缺乏適應生活的自信力。假如兒童應用器具時有傷害身體的危險或損壞貴重的器具，父母可將這些器具移開，使他拿不着，而另給以有益的和有興趣的器具，供他接觸、使用和操作。教師最好的工作是在供給她的學生學習的刺激和襄助，同時鼓勵他們做獨立的工作。

兒童應該學習歡喜嘗試新事物， 假如兒童對於他的嘗試能有成功，他必願去嘗試新的工作和新的經驗，而他的生活因為嘗試新經驗的熱忱，將要發現新的興趣。但是假如他的嘗試是未能成功，他將對於第二件新的事物遲疑不願嘗試而且畏縮不進。為避免單調起見，這種人常在緊張中尋求轉換的方法。有些兒童歡喜讀讀本中下一課故事，算術中下一個方法或歷史中下一個奇遇。有些兒童或許願意再做他們已經做過的工作而畏縮不敢嘗試新的事物。當算術中新的方法被提出時，他們是沒有反應的，而且他們在第一次學習時亦不能領悟。教師可以幫助兒童，使他們對於過去所學的感覺純熟，這樣他們才可樂於嘗試新的事物而能繼續學習。有時，兒童因為疲乏了，亦畏縮不願嘗試新的事物。教師應該看出疲乏的徵象；假如一級中全體尚未準備着工作時，教師不宜逼迫他們工作，不妨等到全級已經恢復了常態而且準備繼續工作的時候。

兒童應該學習抱着興趣、熱忱和自信去應付情境而沒有激動、懼怕、畏縮和憂慮的傾向。 應付情境而沒有激動，懼怕或憂慮的態度乃是良好的心理健康的基礎。我們只要觀察有些人懼怕來信中的消息，或懼怕穿過街道，或因小的爭執而憤怒，或因小的事情而憂慮或激動，從這些事件上，我們可以了解鎮靜與嚴肅對於良好的心理健康是何等的重要。兒童常由他們的長輩那裏學得此種的反應。假如他的家庭是常在緊張狀態之中，他將來長成時也有易於激動的傾向。有許多家庭中無線電常是開着，而且有大聲的談話和歌笑以及鋼琴的彈奏這種狀態對於神經上的平衡一定大有妨害。同樣地，兒童亦易學得他們的父母所表現的憂慮和懼怕。假如常常懼怕有何不測之事發生，就要產生一種緊張的狀態。所以教室應是一種養成心理上平靜和安定的地方。教師在處理班中情境時，必須避免不適當的激動發生。她的聲調應常表現鎮定和平靜。還有，教師不應將她個人的憂慮和懼怕帶到教室中來。父母爲要他們的子女得着最好的教育，是應該避免各種激動的狀態，而且不要表現懼怕或緊張或憂慮。幸福的青年男女是在幼時得着良好的指導，而他們的父母和教師是不懼怕的，並且能鎮定地和平靜地應付生活上的問題。

兒童應該學習接受有權威的事實而不必詢問理由。 服從是對於良好的心理健康有關的一個習慣。服從的培養，第一、要看父母對於兒童的態度是否前後一致，假使父母是不一致的，一時提出一些希望和條件，而另一時對於兒童的過失和錯處放他過去，這種父母是不能希望兒童學得服從習慣的。第二、服從的培養要看兒童對於父母有無信任心。假如他知道他的父母常是對的可靠的，而不致愚弄或欺騙他的，他對於父母即可發生信任心，而服從的習慣就不難養成了。

兒童應該學習希望了解他所做許多事情的理由。 很不幸地，許多父母覺得他們不能完全坦白地和公開地對待他們的兒童，他們不肯向兒童解釋爲什麼有些事是必需做的和爲什麼要如此做可能的話，父母應該讓兒童參加決定他自身的事情；即使父母必須代他作主的話，也要讓他知道這種情形在學校中更是重要。兒童應該多能享受自由，以決定他們自身的問題，甚致較重要的問題，如他們應該讀些什麼和怎樣去讀。假如兒童自幼長大時，從未感覺他所做的事或他過見的事是與他的理解有關的，這個兒童一定缺乏人格的完成。這個兒童長大時，將要恐懼心接受政治上和風俗上的一切事情，而他的精神生活將與他的經驗不發生應有密切的完成關係。在根據權威和習俗接受個人的標準與人生哲學和希求在各種事件中尋求理解，這兩者之間應有一種相當的平衡。對於每件事情都要尋求理解和將各種社會生活的形式與習俗者都拋棄，因爲不能尋出適當的理由，這種人一定是不快樂和不能適應的。在另一方面，對於生活中各種事情都根據權威而行的人，缺乏完成的人格。這兩種態度之間須有一種相當的平衡。

兒童應該學習對於真善美有靈敏的感覺。 對於真善美的感覺並非生來就有的，乃是習得的。這種學習多在幼時由他人的暗示而習得的。兒童學着對於善的感覺，由於聽見他人的討論是非的事情，以及對於是的稱讚，對於非的譴責。同樣地兒童由於他人欣賞歌誦美麗的房屋，草原上的夕陽，或一隻舞曲，而學得對於美的感覺。教師的一個重要職責，乃是隨時根據情境向兒童指導事物之道德的、智能的和審美的價值。

兒童應該學習爲工作本身的價值而工作。 生活上最大的快樂可由每日誠心地從事於各種的活動中得來。從事這些活動應爲活動的本身而快樂。活動的態度應該浸透人生的全部。從事一種活動，因爲我們想從其中得着什麼而並不是爲活動的本身而快樂，這樣的活動不能使我們誠心地完成工作，兒童應該學習爲欣賞活動的本身而遊戲，不應爲着勝利而遊戲。在個人的工作中應有欣賞工作本身的機會，欣賞工作，作爲一種藝術而不僅視爲生活的工具。學校應該特別地教導兒童估計活動的本身。通常學校中的兒童是被教着恨讀書而歡喜爲分數而工作，打倒同班中的成績或得着某種獎品與榮耀教師有一種特別的責任去激起學生的興趣，在校中爲活動的本身而工作。在口頭的態度和實際的行爲之間的正確的關係，現在尚未清晰；而牠們並非是一件事則可斷言。如說個人有了口頭的態度而沒有實行此種態度的傾向則也是不確的。每個人都用口頭上的標準以控制他的行爲；希望兒童用智慧得着這些標準以後，即可由正當的動機而進於實行。

兒童應該學習願意拒絕習俗的標準而去接收理智的標準。 當威廉詹姆士(William James)寫成他的心理學時，他曾暗示學習在成人時就要停止；拔近，桑戴克曾經說明學習的能力是終身都有的，也許是在二十至六十的年齡之間達到最高度。詹姆生腦海中所指的含意，就是覺得成人確實有一種固定他們行爲的傾向，而在年幼時所獲得的習慣，一俟固定以後，即不容易改變。但是在現代文化劇變的時期中，這種固定幼年習慣的傾向是很危險的。現代的個人宜於願意改變個人的行爲以適應新的情境。年幼兒童應該教以願意改變他們行爲的模型，只要他們能夠了解改變的理由。我們的生活中並沒有什麼必須固定的而不能向着較好的方面去改進。假如兒童習慣了穿着某種的衣服，坐在飯桌的某處，使用某種的工具，或將什物放置在某處，他們應該學着，如有充分的理由，即應改變這些例行的事情。一種適應性和可塑性可以幫助個人適應變遷的習俗，而且也是幫助個人得着滿足適應的最有用的方法。

兒童應該學着客觀地觀察自己和接受四週事物的表面價值。 客觀地觀察自己可以幫助個人適當地應付現實。這種習慣或能力，須視父母和教師對於兒童的態度如何而定。假如父母和教師是在兒童的當面很坦白地討論兒童的特性和行為，有如討論其他事件一樣，他們很可以幫助兒童客觀地觀察自己。在這種情形之下，如有客觀的證據更可得着幫助。假如兒童站在磅秤上，他可以知道自己的重量；假如他向鏡子裏看，他可以看出本來的面目。同樣地，兒童應該學習客觀地估量他自身的活動的結果。他應該將他的寫作和圖畫與量表比較，並且在各方面將他自身的能力與具體的標準作確實的比較。個人不能客觀地觀察自己之最大的阻礙，乃是他的觀察與他的意志和願望互相混合。無論何時，個人的意志和願望與實際的事件衝突時，他很容易有一種傾向，着重情境中某種的因素而忽略其他的因素。許多兒童不能看出他們自身的錯誤和缺點，或他們的能力與才能，原因，或是他們從未注意到，或是他們不願意承認。父母和教師可以幫助兒童獲得此種客觀的意識，只要他們指導兒童應付事實而讓兒童客觀地去觀察。一種不能客觀地觀察自己的個人乃是最可憐的。

兒童應該學習應付事實，接受事實和根據事實而行。良好的適應需要接受現實。心理衛生中最緊要的適應乃是一種應付和接受事實而沒有掩飾的能力。這種應付事實的能力也是由成人的行爲中習得的。假如父母或教師能坦白地應付事實，且能在處理每種事項時而不閃避困難或不快樂的事實，則他們所教養的兒童也能獲得此種同樣的習慣。我們的願望和慾念常能阻礙我們抹殺某種的事實，並能使我們着重與我們有利而忽略與我們不利的事實。

兒童應該學習承認自己的誤解，錯誤和過失。人們有時總不免有些誤解或錯誤和有許多行爲可使他人不悅，應付錯誤的一種方法乃是不承認錯誤而且設法爲之辯護——這是一種自護的技術用以逃避指責。個人常用不承認過失、轉移過失等方法以掩飾他的過失。年幼的兒童在學校時，即應教以承認自己功課上的錯誤，拼法或算術上的錯誤，應該很坦白地承認而不必掩飾。只有這樣做，兒童才能得着一個真正學者的態度。教師在幫助兒童養成直認過錯的習慣時，對於學生的過錯不要過分地批評，使得學生不得不設法辯護。一種希望兒童下次改進的批評是很有幫助的；反之，一種打擊學生人格的完整，叫名字，和超過錯誤所應得的批評，大半要使兒童使用自護的技術。兒童在算術上做了錯誤以後，假使教師批評他的腦子太笨或太呆，他就很難接受他的錯誤。反之，假使教師發現了過失之後，而不採行不適當的處罰，他很能使兒童承認過失。假使教室中的地板上潑有墨水的痕跡，而教師去詢問他們時，他們多是不肯承認的，因爲他們恐怕承認了要得到處罰。教師應該鼓勵兒童承認過失，而且可以向他們申明，她了解這種行爲是無意的，同時她對於此事的發生，心中感覺難過。許多兒童在這種情形之下將要有所反應。教師應該認識兒童尚未完成他們的習慣，所以不小心，過失和遺漏是不免的。

兒童應該學習指明過失的責任。 在學習客觀地觀察自己時，兒童亦須學習指明過失的責任。假如個人的工具是不銳利的，當然過失是在於工具。假如過失是在我們缺乏技能，或急促粗心，那麼，我們應該誠意接受過失。假如他人是負過失的責任，我們就應不必躊躇地將過失加在他們的身上。但是不論我們是怎樣坦白地應付事實，頂好的態度還是忽視他人的過失，而設法幫助他人。心理衛生學權威白漢(Burnham, W. H.)曾說：「公正地指明他人的過失是很難的，除了指責他人的過失以外，還可用其他的方法得着較好的結果——例如，有建設性的建議。」有許多托辭的方法可以幫助個人保護他自己有時，他指責別人是在保護他自己，有時，他將過失加在環境、命運、不幸或別種他所不能控制的原因上面。兒童解釋他們的遲到是由於睡眠過度，或未做指定的作業，是由於他們不知道指定的作業。在學習應付現實時，個人應學習對各種事件指明應受的責任。

兒童應該學習接受批評，而不表示意氣。感覺銳敏而不能接受批評的兒童是很可憐的。有些人，因爲他們有過分的感覺性，遇見了失敗或批評以後，即將發生不良的行爲如憤懣。還有些人對於他人的批評要施以反駁，叫出他人的名字或指出他人的過失。人們遇見批評時，常想出許多的行為機構，來作為自護的方法。兒童學習接受批評時，應如接受客觀的證據一樣。假如這種批評是不公正的，兒童亦先須冷靜地認識，然後或者向批評者說出他的錯處，或者接受這種批評而心中知道他是不正確的。反之，假如批評是公正的，那麽，這種批評是應該接受而且應在可能的範圍之內，作為改正的參考。除非個人認識批評可作自求進步的指導之外，常人是不喜歡批評的。當一個人隨他的指導出外學習游而去球戲時，他是歡迎指導的批評，而由此學得進步。假如我們都能以同樣的態度去接受批評，我們當可得益的；因為我們可將批評當作改進我們生活技能或改進我們工作的參考。

兒童應該學習幫助他人。　日常的生活，特別是在學校中的生活，似有趨於競爭而不趨於合作的傾向。競爭常作為兒童工作的動機，以致兒童沒有機會去練習幫助他人。事實上，有些幫助他人工作的行為將被認為一種罪惡；兒童被發現不正當地幫助他人時，常要受到嚴厲的處罰。我們應該認識彼此幫助乃是應該培養的最重要的社會習慣之一，而在社會羣衆中養成一種互助的精神，比較競爭和劇烈的妒忌更能達到心理的健康。兒童在幫助他人時應該得獎而不應該受罰。在家庭中，兄弟與姊妹之間常有競爭，以致在得賞和所有物方面常有爭鬥，父母應該留心自年幼時起對於兒童幫助的態度，即應加以注意和贊許，這樣可使兒童在長成時願意與他人互助。在家庭中，父母彼此間如有寬容的態度也可有助於互助的發展。

兒童應該學習準時工作。 還有一種積極的心理衛生的習慣就是準時工作。準時工作在現代的生活情境中是緊要的，因爲在現代生活中有許多工作和遊戲是要準時做到的。兒童應該學習在早上準時起身，在晚上準時就寢，他們也應學習準時就餐和出外時準時集合。他們有工作做時，即應學習準時工作，而不要將工作延到其他的時候。要能實行這些準時的習慣，須得先有一個規定的生活程序表。兒童有了規定的起身、就餐和就寢的時間表，才可每日慣於在規定時間做事。在學校中，課程時間表，雖然被人認爲太正式了，但是卻能幫助兒童得着每日準時工作的習慣。有時，兒童在做着某種有趣的事情，而必須停止時，敎師應先給他適當的通知。假如就餐的時間到了，而他正在聽着有趣的故事，或玩着有趣的玩具，這時他當然不肯忽然中斷前來就餐，所以應該在就餐前數分鐘給他通知，使他有所準備。同樣地，我們可以告訴兒童，假如他已準時地將工作做完，他可多有遊戲的機會。假如他已準時地將工作做完，而在多餘的時間內不准他去遊戲，這是不公平的。還有，父母和敎師應該明瞭兒童是一個學習者，而他所做的工作常是斷續的和不穩的。兒童的進程也沒有成人那樣快，因此我們應該多給他充分的時間。兒童的日課表，對於兒童普遍的活動也要多規定時間。

兒童應該學得一種幽默的意識。 幽默的意識，可以幫助個人易於接受生活中單調的或困難的情現。幽默的意識乃是一種最重要的逃避行爲機構，因爲牠可以使個人接近現實，同時也可以幫助他得到情緒上的解放。一個人假使用幽默的意識拋棄一切重擔和掛念，定能較之必須應用兒孩的態度與現實奮鬥的人們，多能解放精神上的緊張與愛慮。幽默的人很容易認識現實，而常處之一笑。這種不論情境如何嚴重而仍以無定見的態度處理非實的習慣，正如有一種副業或娛樂的神情，可使個人的緊張每次得着一種解放。教師有時可與兒童共同欣賞可笑的事情，藉以鬆弛班中單調的和緊張的空氣。這種行爲並不減少教師的威嚴，或減低兒童對於教師的尊敬；反之，牠倒有維持全班對於教師尊敬和喜悅的傾向。快樂的家庭中，常是充滿笑聲和快樂聲。幽默的意識是可以流傳於人的。

兒童應該學習與他人共同工作和遊戲。 兒童應該學習與他人共同計劃和做自己一份的工作；並能了解他人要做什麼和認識他人的行爲。有許多特殊的習慣是與共同的工作和遊戲有關的；在適當的時間與地點，應擔任領袖的能力和責任，而在其他時間須能願意服從他人的計劃。從未與他人工作或遊戲的兒童常要表現許多情緒上的行爲。他要怕羞、憤激、頑暴或威嚇，他或者要在他人面前稱雄，或者是很軟弱地服從。現代的學校有一種重要的目標，要教導年齡相等的兒童，很健全地在一起工作和遊戲。

兒童應該學習單獨地工作和遊戲。 有些兒童必須要倚靠其他兒童共同遊戲和娛樂。這當然是要受阻礙的。他們自身似乎沒有獨樂的方法，所以一旦單獨時，就要感覺局促不安。他們從未學過讀書、搜集、計劃或建築或其他單獨活動的工作。要完全倚賴他人共同娛樂的個人，在他人不在時就要受着阻礙。所以個人非但要學着與他人共同活動，而且也要學得自行追求活動的方法，以享受相當範圍的孤獨性。有些人常易從孤獨中得着一種壓力，而成爲病態地孤獨，不願與他人相處，所以在與他人同處和單獨自處之間，應有一種適當的平衡。

兒童應該學習歡樂地和熱忱地做單調的工作。　每個人總要遇見和擔任麻煩的與單調的工作。世界上的工作不能支配得如此的恰當，可使我們常是擔任有興趣的和有刺激性的工作。因爲我們的時代日臻機械化，所以世界上有許多工作將日趨單調。爲保持良好的心理健康，我們應該學習忍受必須有的單調工作而不致煩惱，且能保持相當的熱忱和歡欣。教師先須自身對於單調的工作熱忱地接受，才可鼓勵兒童願意擔負學校中單調的工作。教師應使兒童了解學習排字和學習算術並不是一種要避免或可恨的工作，乃是一種可用良好方法賞樂的工作。兒童有許多對於無興趣的工作的不滿態度，乃是由於成人不滿於這些工作的態度所致。當然，我們對於兒童不感興趣工作能表同情。學校常被兒童所憎惡，厭惡遲到早退，原因或許是學校中的工作太沉悶和太缺乏興趣。現在對於學校中的活動過分地增加和使之有興趣也許超越範圍。假如學校是生活重演的所在，那麼學校中必須有些工作是單調的和無興趣的。重要的問題是對於這些工作應用正當的精神去接近。

兒童應該學習忍耐地追求進步。　自求進步的願望乃是一種最健全的態度，可使個人增進工作的熱忱和興趣。人們假如有學習的態度，願意改進奏鋼琴的技能或願意改進玩手球的技能，當然對於生活發生熱忱和興趣。但是這種改進的興趣，往往會因個人不滿足於他的進步或因個人的標準與理想太高而產生煩惱和不忍耐。父母與教師應該鼓勵兒童改進，讚許他們的進步並且供給進取的理想；但是他們要注意不要用壓力使兒童去達到太高的標準，以致在不能達到目標時產生失望的結果。父母和教師應可認清發展的步驟而歡迎些微的進步，只要這種進步是表明比以前的紀錄有了增進。兒童期乃是一種有充分時間學習的時期。成人或許不願化去四十小時去學會打字，他也不願化去三四年的功夫去學會一種外國語，而想在短期內得着結果。但是兒童願意逐步地學習。所以我們應該接受和讚許兒童些微的學習的增進，只要這種增進是代表真實的進步。

兒童應該學習得到相當的成就而滿足。　有兩種極端的行為是應該避免的。一方面，有一種人樹立了過高的標準，而從未能達到，因之不免常感不滿足，這種人是可憐惜的。他們常有奮鬥和因未能達到期望而失望的緊張。兒童假使能夠達到相當限度的完成是應受讚許的，而不應使他感覺到他尚未達到全部的完成，因而不快。另一方面，有許多兒童常因很微小的成功而感覺滿足——他們只要能使教師滿意，常想離開此種工作而出外做其他工作。這是代表學習活動中一種不健全的態度。假如兒童感覺他們只要用一部的精力去工作，或達到不及標準的成功即可滿足，而另外去遊戲娛樂以得報償，他們是學得一種不良的習慣，這種習慣可使他們將來受害的。賢明的父母或教師，應使兒童覺得工作上相當的成功乃是一種有價值的事情，而不願為某種的娛樂而拋棄手中的工作。

討論和研究問題

1. 杜威（Dewey, J.）曾說：『設想只有壞習慣是無用的，和壞習慣常為人列舉的傾向，使人感覺各種習慣多少有些不良。因為使得一種習慣不良的是由於他已成了舊習俗的奴隸。普通的觀念，以為變成良好目的的奴隸可使機械的日常生活變好，乃是良好道德原則的否認。』

這種論調，怎樣可與教導兒童良好的健康和安全的習慣相適應？

2. 華村（Watson, J. B.）有一種觀念，以為父母過分的愛，可以傷害兒童。他說：『有一種明達的對待兒童的方法。對待他們如同對待年幼的成人一樣。小心地和週全地替他們穿衣服和洗浴。常讓你的行為客觀化而且有仁愛的堅定心。不要抱他們，與他們接吻或讓他們坐在你的膝上。假如你需要的話，可在他們祝你晚安時親他們的額部。早上可與他們握手。假如他們從困難的工作中做出一件特別好的工作，可在他們的頭上輕撫一下。試用此種方法，在一週後，你將要發現客觀地對待你的兒童是如何的容易而同時也是仁愛。這時，你將覺得你從前所用隨情的和有情感的方法是可羞的。」「應付爲什麼有這種論調？過分的愛有什麼傷害？假如兒童沒有得着愛，他有無失着什麼？這種論調，怎樣與本章中所列出的原則相適應？就是說，父母在兒童表現正當行爲時所給予兒童的注意，讚許或愛情，乃是養成兒童良好行爲的最好方法？

8. 服從是一種良好的習慣否？是否常爲一種良好的習慣？盲目的服從是一種良好的習慣否？擬出幾條原則可作決定良好服從之正當的態度。

4. 試舉一例，說明個人如何對於道德問題發生感動而啟發一種良心。何種因素包括在內？

5. 試舉一例，說明個人如何發生美感。這種美感感覺的本身是如何發展的？何種因素包括在內？

6. 個人如何獲得愛真理，精密和正確的習慣？

7. 對於養成可塑性和適應性，你能擬具何種具體的建議？

8. 從你的經驗中，舉例說明人們不能公正應付的各種事實。

9. 爲何個人在批評或指責他人時要極端地小心？

10. 你有無發現在客觀地解決你自身的問題時，曾經採用詭謀或計策？假如有的，說出這些詭謀或計策。

11. 爲何有時對於獨處亦以感覺滿足爲宜？

12. 兒童很願化去幾年的功夫學習一種外國語言，或化去若干小時的功夫學習打字。當他是成人時，他對於化去許多時間學這些事情感覺不耐煩。對於此事你能給予一個說明否？

第九章　避免消極的習慣

兒童應該**學習避免罪惡或羞恥的**意識，　一個兒童長大時，對於他所做的事不致感覺有一種錯誤的或不值得的觀念。這個兒童乃是幸運的。這種罪惡的意識，在過去是被用以控制人格的教育甚至羞恥的意識假如帶有不幸的心理上糾紛，也可成爲一種阻礙，而且是害多益少。正當行爲的習慣應該獨立地養成，而不應依靠罪惡，或失敗的意識來支持。兒童應付生活，應該明瞭他所做的是代表他的最高能力。有些人常感覺需要辯正他們的行爲；這種態度不是健全的心理態度。感覺有羞恥或罪惡意識的人，常要產生各種自護的和逃避的行爲機構，並且發展不健全的心理態度。不要這些自貶的感覺，並不是說一個人從來不肯承認他已經做過的錯事和已經得着的失敗。這不過是說，他願意不動情緒地接受情境中的事實，而根據現實來決定最好的行動方策。成人對於兒童表示批評、苛責、皺眉、搖頭等，常易在兒童心理中養成一種羞恥或罪惡的意識。兒童打破了一只盤子，不要駡他，或表示忽然的發怒；因爲這種行爲可使兒童情緒上發生騷動。

兒童應該**學習處在不如意的情境中不要希望有代替物**。　要想得着平衡或報復的態度，乃是一種非常不健全而且是可遺憾的態度。一個兒童假如受了責制，或事情不如他所願時，他若是感覺他必須同樣地報復他人，或他必須得着某種的償賜以補償他的損失；這個兒童是最不幸的。這種不良的態度常由父母管理的不當而產生。例如，有一個兒童不能出去遊戲，或不能去赴會，或不能去看有趣的影片。這時，同情的父母就想對於他這種困難有所補償。他們或者給他一些糖果，或者答應他下次帶他到別處去，或者讓他晚上遲睡覺。這種有慈心父母的兒童，將來長成時定會有一種感覺，覺得他所遭遇的困難必須得着相當的償還，這種態度所造成的成人當然是不適當的，他會相信世界一定要厚遇他。從另一方面看，兒童應該認識，在某種情境之下，他頂好不去做某種的事情，雖然暫時失去相當的快樂或滿足。這種態度可由教師或父母的教導而養成。教師或父母應該自身很勇敢地和堅忍地接受失望。而對於不由他們所願望而產生的事實不致灰心和憤懣。兒童應該學習一種智能，就是假如他們所熱望的事實不能實現，他們可以轉到別種快樂的和滿足的活動上去。

兒童應該學習不要因爲失敗或失望而煩惱。 對於失望常感覺煩惱或憂慮的傾向，是與對於損失必需補償的傾向同樣的不良。假如一個兒童被剝奪某種權利以後，能利用號哭或紛擾的方法得到父母的補償，這個兒童就學會了號哭或憤怒乃是一種獲得滿足的方法；因此，當他遇着逆事或受煩擾時，他就要應用以上的方法去達到目的。這種態度，使他在成人時對於挫折和失望將要表現煩惱或不快的神情。父母和教師可以指導兒童用積極的方法去應付失望的情境，藉以避免此種不良態度的養成。

兒童應該避免過度的幻想。 心理衞生學家認爲幻想假如是在適應困難情境時用作逃避現實的行爲，乃是一種不健全的行爲機構。幻想的人常從想像和夢想中得着滿足。當這些滿足成爲代替滿足時，個人將難以應付情境，以致到後來發生不良的適應。兒童應該學習坦白地和直爽地應付情境。父母可使兒童不要處於勝過他的情境中，以幫助兒童避免有害的或過度的幻想習慣。在學校中，假如一個兒童不容易完成他的工作或是工作不能使他發生興趣，他會自然地將他的精力轉移到幻想和夢想方面去。要應付此種困難，教師應該設法使得所計劃的活動，能適應全部的學生，而且他的難度可使全班中每個人都得着相當程度的成功。歡喜幻想的兒童，是由於他在日常工作中得着煩惱或壓制。一種有計劃而能將來實現的幻想是值得讚揚的。這種建設的和有創造性的精神活動，是不應與顯然不成功的活動的代替相混的。有創造的計劃是可讚許的；無結果的願望是有害的。當然，我們不願排除詩人或藝術家的夢想。

兒童應該學習不要强烈地繫住任何個人。 相當的情愛和熱心是適當的；有許多生活上的價值，是由於對師長的情愛和同伴的友誼而來的。但是，父母常是過分地幫助兒童，使得兒童過分地倚靠他。母親可爲她的兒童做各種事情，並且保護他不遇各種困難的情境；結果兒童就要完全倚靠母親的保護和支持。在這種情境中，父母對於長大的兒童，很難願意他們與外界的人自然地結成友誼。教師假如對於兒童的工作幫助太多也使兒童感覺困難，因爲這些工作兒童是應該獨立地學習的。在某種的教學中，兒童只要學習已經代他擬定好的材料，這是非常不妥的，因為他將來對於自習的工作常要倚賴他人。父母應該小心不要過分地幫助兒童代做他們的工作，恐怕他們由此放棄了獨立學習的習慣。

兒童應該學習不要渴望激動。 假如兒童是生長在健全的家庭與學校環境之中，他將不致渴望熊烈的激動；反之，假如一個家庭中不准有嬉戲或嘲笑的聲音，家具也不許移動，而且也不准請其他的兒童來玩，以免發生噪聲或紛擾，這個家庭中的兒童一定要渴求反常的娛樂，因而發生激動的渴望。同樣地，假如學校是一個嚴格訓練的場所，而對於無興趣的工作又無調劑的辦法；這時，學校中的兒童一定歡迎各種的激動，以求得着解放。有些兒童常是在激動空氣中生活着。他們常去看緊張的電影或聽嚇殺的故事，有時或去打獵；結果兒童常有一種危險的或激動的渴望。假如有常態的或健全的娛樂，這種不健全的病態的激動渴望或許不致產生。

兒童應該學習不要常與他人相比。 常與他人相比的習慣，多在過於注重競爭的環境中養成。在家庭中，父母應該小心不要對於自己的兒童引起一種兄弟間或姊妹間報怨的比較，或將自己的兒童與鄰舍的兒童常相比論。「看你的哥哥能將此事做得這樣好」或「我想你將與對過的多瑪做得一樣好，」這些話一定能够引起妒忌的感覺，使得個人常將他自身的活動與他人相比。同樣地，學校中的教師對於競爭的動機應該避免過分的注意。他不應該提出某個學生作為良好的模範，使得其他學生與他競爭者試和分數的競爭不應注重。教師應該鼓勵個人與他自身過去的工作比較。假如兒童能客觀地看出他自身的進步，這個結果多半是健全的；但是與他人比較能成為一種壞的習慣，將來可以產生不良適應的結果。一個知足的個人是不常與他人比較的，也不因為他旁邊的人有了好財運，升級或成功而感覺煩惱。個人應確定他自身的目標，而應與這些目標比較，不應與他人比較。

兒童應該學習不要過分地享受困苦。享受困苦，乃是個人對於在不利的情境中取得滿足的一種行為機構，但是這種動作，並不是代表對於困苦的情境發生一種最妥善的適應。兒童不宜多有惱怒的情態。假如環境中沒有惱怒的可能，應將注意力轉移，使得兒童坦白地認清和應付環境。蘇多瑪因為打破了糖瓶而被不公正地處罰以後，走到河邊自己去憐惜自己；這是一個好例。願受困苦的兒童常接受不利的環境而無怨言，而從來不計劃戰勝環境的方法。自憐常與困苦同行，而不能向牠挑戰。可能的話，父母與教師，應該幫助兒童避免常從困苦中去尋求快樂。

討論和研究問題

1. 父母在家中對於兒童的作業應幫助到何種程度為止？

2. 有一種「放火狂者」自己放火，而又努力將火救熄，藉以引起激動，說明這種特殊行為的原因。舉例說明兒童在日常生活中被剝奪嬉戲和娛樂以後所用其他引起激動的方法。

8. 有時，家庭中兄弟間互相妒忌。有時，家庭中兄弟間互相仰慕。說明此種不同情形的理由。

第十章　性的適應

在一本心理衛生的書中，我們當然不能忽視性的問題，因爲性的問題乃是生活中必須適應的重要問題。性的問題通常不是爲人公開地和坦白地討論，而常被人拒絕或使人驚異。雖然如此，性却是一種潛伏的力量；對於性的衝動，如無正常的發洩即可產生重大的痛苦和煩惱。兒童在校中所遇見的許多問題，假使追溯他的來源，都有一種潛伏的衝動；而這種衝動多少是帶有性的特徵。

通常人是相信性的生活最初是在青春期顯示出來，因爲這時男女兒童都是在達到全部的成熟。事實上，性的開端在早期生活中就有的；假如我們仔細觀察，性的行爲可以在嬰兒期和兒童期的各段時間中發現。關於兒童的性生活，穆爾（Moll, A.）曾寫了一本兒童的性生活專書，在其中講得很詳細。桑戴克在這本書的序中曾說：「本書中所明白顯示的兩種事實，即可增加教師的責任。這兩種事實就是：性的生活是在青春期顯示以前早已就有的；在早期中，一種不確的和不易區別的性習慣的動向，是與青春期中性的衛生一樣重要。而且，沒有一個有十年以上經驗的教師未曾遇着——除非他忽略了——一些緊急的行爲；在這些緊急的行爲中，假使用一種適應的眼光去認識，養成性的健康和不健康的習慣和正當與不正當的態度的規律，很可挽救許多青年男女脫離多年悲慘的煩惱或墮落的行爲，或雙方均可顧到。」

不過，在青年期中，有一種顯著加速的性生活的生長。這可證之於基本的性器官的生長和附屬性特徵的發展，如聲音的改變，青春毛的生長以及女子胸部的發展。這些性器官的成熟，即隨以性功能的發展。這種情形使得青年忽然覺到許多的刺激，而這些刺激却是他們在早年很模糊地和很軟弱地感覺着的。青年男女獲得新的興趣和衝動，而他們各種的感覺——觸覺、聲音、視線、臭味——忽然獲得引起性的感覺的能力。這些乃是青春期著名的特徵，青年男女乃彼此引吸。他們渴望社交的活動、聚會、遊戲、跳舞，因爲在這些活動中他們可以互相會見、談話和遊戲。在這時期，青年男女對於藝術、宗教、社會服務和其他類似的活動，也發生興趣，這些活動都可認爲是他們對於成熟的性功能發展的反應。

性的心理衛生，期望男女青年都能發展，而能對於這些性的需要有常態的適應。也許常態適應第一個和最要緊的條件，乃是一個良好的家庭，其中父母本人在性的方面是有良好的適應，而且彼此之間有愛情而無爭吵和不信實的事。假如一個兒童顯示一種早熟的或變態的性的特徵，我們可以最先猜疑他的家庭或有不健全的或變態的現象。兒童並不自身墮落和採取敗壞的性的行爲。差不多在每件事中，推原於變態行爲的原始，可以說都是由於兒童本身以外而來，而且大半都是來自家庭。一個快樂的和健全的家庭，乃是養成對於性的良好態度和習慣的第一要素。

第二點，常態的性的適應，可由供給兒童在適當的環境中，與其他兒童有健全的遊戲機會而促進。性的問題總要牽涉社會的關係。假如一個兒童要成爲一個良好的成年男女，而有常態的性的趨向，他必須從小就學着與其他兒童相處一起，共同遊戲。此種遊戲應該是活潑的和戶外的，而且要在充滿日光新鮮空氣和清潔的環境中跑跳叫喊。男女兒童應該在一起遊戲，因爲只有這樣，他們才能彼此了解，彼此容忍，而不致在將來遇見時彼此感覺生疏。男女兒童經過了友伴的時期以後，將來他們從青春轉變到成人關係的過渡時期中，方是常態的，而不致過到困難。

第三點，兒童應該及早知道生活的原始和性的意義。許多父母對於這些事情不能坦白地告訴兒童；他們對於兒童的問題，常用離題的方法，和粗淺的迷信回答。當兒童對於生活的原始發生好奇心時，父母就應該用兒童所能懂的語言，很坦白地告訴他們關於生活原始的事實。同樣地，兒童在未達到成年以前，父母即應將性的重要事實，當作很平凡的事實告訴他們，而不要使他們感到驚異和激動。平常，兒童對於性的問題總帶有激動和秘密的意味；因爲兒童常從他們遊伴那裏秘密地得到這些智識，或者看見他們的父母對於他們所提出性的問題，常是不安地躊躇地和不願地解答，而與平常解答日常生活問題的態度顯然不同。

假如父母希望兒童長成時對於性的問題有常態的安定的和健全的態度，他們對於性的事實，不能保持抑制或阻制的方法。其實，這些抑制和阻制的方法，反能產生最不良的性的態度和習慣。父母對於兒童性的問題應該很坦白地和誠懇地解答，只要兒童的智力能夠了解。父母不必告訴兒童不要去看猥褻的圖畫，不要與不良的兒童談話或戒去一切性的行爲。父母應隨時着重於兒童積極的和良好的行爲，可使兒童因了這些行爲而能將性的方面變態的興趣除去。如其告訴兒童不要看猥褻的圖畫，不如將健全的圖畫給兒童看。如其告訴兒童不要與不良的遊伴同玩，不如鼓勵他們與優良的兒童共同遊戲。如其告訴兒童不要用手玩弄他們的性器官，不如供給他們一些工作和建築材料，可使他們用手，或鼓勵他們參加各種遊戲和運動，使得他們有劇烈的活動。

父母有時對兒童無用意的性的遊戲，認作一種秘密或奇事；這種態度對於兒童是有大害的。假如一個男孩和女孩，不論他們是如何的年幼，彼此要好時，不智的父母就要私議他們是「情侶」了。因此，男女兒童自覺了他們所給予對方的注意，而這種原來是無意的和無害的關係，將有特殊的重要性。其實，這些男女兒童的友誼和交情都是暫時的，可以忽視的，而且到將來不過是在常態的進展中一種紀念而已。

保守性智識的一種不幸的結果，就是兒童因爲他們的無知，將要想像他們是奇特的，或與他人不同的。男孩將要希奇他爲什麼不像女孩，或者要爲好奇心所迫，尋出他與女孩有怎樣的不同。沒有正當教導的兒童，將要得到奇特的觀念，以爲他們是無性的，或者他們的性器官缺乏性力。女孩第一次發生月經或男孩第一次發生遺精，常能使他們非常地懼怕，因爲他們將要想像這是疾病的象徵。還有手淫因爲秘密的關係，使得兒童相信，這是罪大惡極的事。所以不使兒童明瞭性的性質和功能，常能產生大害和心理上痛苦的結果。

同樣地，自動的色慾如手淫之類，從前認爲是有害的或危險的，現在醫學告訴我們是十分常態的，而且是在大部份的兒童中發現。假如我們要想停止手淫的習慣，我們所用的方法當然不是抑制。這些習慣不必認爲是可恥的，或須辱駡或責罰的。平常，手淫乃是一種很常態的方法，由於衣服的壓力和活動而起的。兒童重複這種行爲乃是由於他想再有此種快感的經驗。假如年幼兒童發生此種行爲，父母應該檢視他的衣服是否太緊，或易於摩擦。父母應該供給兒童活動和遊戲的機會。父母應該特別注意，兒童此種行爲是否由於避免某種的抑制，或苛責的環境而起，或是由於不能達到其他滿足的代替。

學校將如何養成學生健全的性的適應？學校第一個職責，乃是供給常態的社交活動的機會。學校應該是男女同校的。假如男女兒童是分開攻讀，他們就沒有機會學習對於異性發生常態的適應，而且他們成熟的性的衝動，將使他們尋求不正當的發洩。通常有些人以爲男女兒童在一個教室內，常能彼此激動和攪擾，以致不能集中注意；其實這種論調，是基於太注重功課的結果。即使青年男女在一起將要發生可與教室功課不利的刺激，但是沒有這些接觸，卻又不能使青年男女彼此得到良好的適應。學校又應於課外供給娛樂的和社交的機會，如俱樂部、戲劇社、音樂隊、體育會和跳舞會。中學如能於每週在嚴密的監督之下舉行跳舞會，比較任學生出外到不良的地方去跳舞，要好得多了。

學校的第二個職責，乃是實施性的教育。學校中有幾課可以談到性的教育，例如在自然科學或生物學中，可以將生物的構造，和性的功能，用科學的眼光，和公開的態度，講給學生聽。有許多講到性教育的書籍講到生命的原始，常引用植物和動物爲例。但是兒童是否能將植物繁殖的事實，如動物細胞的分裂或小雞是從雞卵孵化出來的，與人類生殖的事實相關聯，乃是一個問題。書中的描寫和敍述，固然能引起兒童的興趣，但是牠們能否使兒童明瞭本身的功能，却是可以懷疑的。

性的教育也可在文學課或社會研究課中，討論到家庭的地位，婦女之經濟上的地位，離婚的事件，或優生問題時談到。有些學校現在設法在討論會或小組會中，討論性的問題如跳舞、戀愛，婦女在社會中較自由的地位和改變的家庭。這些討論都是由男女學生共同參加；他們已有相當辯論的能力，而且對於這些問題，也不致引起不安的態度，或情緒上的緊張。

第三點，學校可以在課程中提倡父母教育，家庭和家族生活的標準和理想，以幫助兒童達到滿意的性的適應。在文學課中，教師可與兒童討論有關家庭和家族關係的故事。許多學校對於培養兒童的標準和理想少有工作。教師應在開會時、討論時或上課時，抓住每個機會，將有價值的生活，指示學生。

教師對於男女學生，每日在教室中所表現的常態的性的行爲，應該有敏銳的感覺。關於性的行爲，任們人是不必驚異或痛苦的。假如一個教師對於她的學生性的行爲發生過分的興趣，或是過分地懷疑學生不良的性行爲，她自身也許有性的願望的抑制。沒有一個中學教師是沒有看見她的男女學生彼此吸引的。追求男性的女生，或追求女性的男生，是不應壓迫和責罰的，而應給予同情和了解。這些性的衝動乃是真實的和堅定的，而從這些衝動中，可以產生爲我們社會基礎的常態的家庭和家族關係。假如一個教師看見她的一個女生於夜深時，在一條街道角頭與一個男人談話，她不必在第二天將這個女生叫去責罰。她最好設法了解這個女生的衝動，對她發生同情，和幫助她用社會上許可的方法，達到她的願望，以致得到常態的滿足。詳細說來，她要了解這個女生家庭和家族的影響，知道這個女生平常所能得到正常的社交機會，坦白地與這個女生詳談一切，而不加以批評，指導她看出她的行爲的重要性，和幫助她計劃獲得她所渴望的經驗的方法，以達終身的滿足。

想從一個兒童那裏得到關於性的適應的消息是不易的。從來對於性的問題保持沉默的態度，可以阻止兒童在會見時將他的事實坦白地和誠懇地敍述出來。有時，兒童也不願將性的行爲和智識說出；他不知道這些智識是足以養成一個全能的人。有些學生，事實上不懂問句中所用的名詞（如手淫）所以不能回答；假如用他們所用的土語和俚語，他們就能回答。

但是對於不能發現學生性行爲的過失是應由學生生活指導員負責的，因爲生活指導員本人對於性的事件也許只有皮毛的智識。假如教師本身對於性的問題，感覺困難和含羞，他當然不容易從學生那裏得到各種消息。學生也不敢向他直說一切，因爲恐怕告訴了將要受罰。任何人要擔任學校中的生活指導員，除掉明瞭各種事情以外，還要精通性學。

各種病態的性的行爲，不論是淫穢的語言，在牆壁上書畫示范，或是嚴重的反社會性的或墮落的行爲，都應從推動這些行爲的衝動力方面去了解。有些智力低劣的兒童，生來就有一種心理的病態傾向。這些男女兒童通常多有過分的性慾，或是他們性的發育早熟，將要吸引與他們同年而性發育尚未成熟的同學，發生性的行爲，對於這種兒童必須澈底地了解他們。假如這種兒童具有病態的，他們必須與團體隔離。在別種情形之下，改變家庭的環境，或從事於別種有興趣的活動，卽可補救。但是無論如何，教師不宜直接地壓制兒童性的興趣；這樣可使兒童從事於潛伏性的行爲，或包含有神經病質的行爲，這種行爲是比以前所批評的行爲，還要有害的。變態的行爲必須從養成常態的興趣而轉移，這種常態的興趣，可使兒童得着健全的發洩和高尙的理想，並啓發自尊心。

不論採用何種方法，有幾種原則是被認爲於性教育有助的。第一，就是要利用最適切的知識。科學的名詞也應引用。不眞實的回答應該排除。還有，應在需要前告知兒童和父母性的智識，而不要在事後告知，於事無補。對於青年好奇的事情，給以坦白的和詳細的說明，當較說明一半和含糊說明減少煩惱。對於性的問題提出和討論時，在情緒上的諧調不應與討論普通事實，社會問題或美的問題有所兩樣。教師或領袖的自身必須有良好的適應。教師不應從討論過失或說出警告時表現秘密的滿足和快樂。總之，應多注意心理上的因素如態度、感覺、習慣、欣賞、音樂和社會性的因素，如個人的關係、團體的標準和組織的進步；而少注意於生理上的原素。性與其他方面的生活——經濟、兒童保護、宗教、娛樂、職業、種族等——之間的互相關係應當保持，可使所讀的功課不致成爲隔絕的課程。應少注重疾病、退化和恥辱，而多注重友伴、情愛和家族生活。故後，供給健全的生活機會是較空說多有價值。

討論研究和問題

1. 一個學生的性生活是最不容易研究的。當你去研究一個學生的性生活時，你將採用何種方法？
2. 列出男女同學的利弊。
3. 你想性的教學可在學校何種課程中佔着一個地位？
4. 有一個兒童將學校圖書館所借的一本很有價值的希臘和羅馬神話中的裸體像刼下而被報告時，你將如何處置？
5. 學校將如何供給男女學生均能參加的健全的娛樂？

6. 討論在家事課中插入結婚和家庭生活的高尙理想的可能性。

7. 學校應否供給機會，使團體可以自由地和無限制地討論性的問題？

第十一章 教師啟發心理衛生的工作

在第八第九兩章中所講到的養成兒童良好的習慣的工作，須賴父母和教師的指導去完成。習慣可由滿足的練習而養成，但是對於解除各種習慣的情境，必須特別注意。教師可用聰明的鼓勵與讚美和安置良好的學習情境，以指導兒童養成健康的心理習慣。教師對於養成習慣的工作，在以前各節已有敍述。現在不避繁瑣，將各種重要點從新列出討論，使得教師可以明瞭她的地位和職責。

父母或教師對於兒童不做好事時不要報以過分的注意 兒童常能發現如何可得希求的注意。假如他發現可用煩擾父母的方法得到注意，他以後就要繼續表現此種行爲。有時，年幼兒童要頓脚、喊叫和發脾氣，因爲他們學習了這是獲得需要的方法。當他們長成時，他們明瞭頓脚和喊叫都是幼稚的行爲，於是他們發現其他引起注意的煩惱方法。頑强的兒童常在教室中高談，亂棄雜物，和說出無恥的語言，因爲他們可由此得到教師和同學的注意。假如教師要阻止這種行爲，她將要用一種方法，使得犯規的學生自身感覺到氣惱和無味而不能得到注意。聰明的教師必須明白每日教室中許多的激怒是可容忍的。但是消極地讓各種事情過去，也不是真正的解決辦法。假如教師能利用各種機會，去注意兒童所做正當的事情或做好他們預習的工作，她可以在無形中，使得兒童消失想用煩擾的行爲以獲得注意的願望。

父母和教師應該努力引起兒童對於做正當事情的得意感覺。 達到上列目的的方法，乃是對於兒童所做値得讚許的工作表示注意和讚美。對於兒童的嘗試也可表示喜悅。要使學生感覺你很欣賞他們的努力和成功。

給兒童自動做事的自由即使他有錯誤亦屬無妨。 兒童非但需要學習的指導，而且也要有獨自嘗試的自由。一個家庭中的器具和懸掛物品，如能在相當範圍內讓兒童動用，即可供給兒童最大的發展機會。兒童應該有機會嘗試用自己的手造船，彈弄樂器或寫故事。父母和教師應該知道何時幫助兒童，何時讓兒童自動工作。

父母和教師在處理兒童時必須避免情感。 發怒對於兒童的訓練是非常有害的。父母或教師應該保持鎭靜。對於每種情境如同解決一個問題一樣地去處理。當然有時需要有力的決斷和行動，但卽使在這種情境之下，還要不失耐性，而不從事於衝動的行爲。許多父母和教師覺得在訓練時，假如沒有果斷的行爲，恐將失去兒童的尊敬。但是在長久期間內，各方面如用冷靜的頭腦考慮情境，常有較良好的結果。

使兒童對於他所做的事情能了解其理由。 日常習俗上的事情，是不能每件都可將其眞正理由解釋給年幼兒童聽的。我們希望兒童做的事情，有些乃是傳統上如此做的，而沒有可以解釋的論理上的基礎。有些事情，如同我們的健康習慣可有科學的解釋，但是這種解釋乃是兒童所不能了解的。不過，我們必須告知兒童相當理由，這樣，可使他在理性的基礎上產生行爲。這種理由必須兒童所能了解的。頂好，這種理由是建立於兒童自身經驗的基礎之上，而且是用一種簡單的和實際的方法說明的。最好的方法是告知每個兒童如何得到他的需要。

切勿暗示兒童，你希望他做壞事和不正當的事情。 兒童是很容易受暗示的，而且容易獲得別人希望他動作的觀念。稱呼一個兒童是頑皮的，乃是暗示他仍舊要頑皮。說他是懲桀或懶惰的，乃是暗示他還是懲桀或懶惰。父母和教師應該避免暗示兒童，說他們沒有達到他們所希望達到的標準。被稱爲說謊的兒童，學得說謊的事實和說謊的方法。假如你希望你的兒童應有何種的行爲，你須耐心地暗示他應該如何地去做。

不容易學習的習慣應該逐漸學習。 我們不應希望任何事情可以一蹴而成。假如兒童有所懼怕或食物不能可口，應使兒童逐漸熟識懼怕的事物，或逐漸嘗試不可口的食品。假如你的兒童不歡喜某種食物，開始不要強迫他多吃這種不歡喜的食物，頂好每天給他吃一點，直到他歡喜爲止。同樣地，假如兒童是懼怕某種物件，不要強迫他將這種物件放在他的面前，以致使他發狂。在這種情境之下，頂好將這個懼怕的物件放在後面，可使懼怕心逐漸消滅。有時，也許需要將一種舊的和不適當的習慣打破，而不能有所容忍。但是，最好的方法乃是每天逐漸學習困難的或無味的事情，直至達到最後的成功爲止。

不要保持過高的標準。 父母和教師必須容忍相當的偶然事件，行爲上的鬆懈，不守規則和遺忘。兒童的習慣和技能沒有完成而須由嘗試和失敗中學會，這些參差的事情不必注意而可忽視；對於成功應該特別提出。

用一種適當的活動以代替壞習慣。 我們不能希望只用打破的方法以消滅壞的習慣。最有效的方法乃是採用一種好的習慣作爲代替。教師將能多有成功，假如他們能不說「不要」而用積極的活動以代替所禁止的活動。假如兒童在教室中擾亂，不必去壓制他們和逼迫他們遵守軍隊式的秩序，而應以有興趣的活動去代替。

不要爲養成一種良好的習慣而造出多種不良的習慣。 有些教師，爲要保持班中的秩序和訓練，常要責罵和威嚇兒童，以達到希望的結果。在達到希望的目的時，他們却在教訓兒童對於責罵和威嚇，採取一種不悅、懼怕或其他訛僻的態度來反應。教師的一切行動，可以成爲學習情境中的一部，而且也是將來發成學校習慣的條件。兒童如須要用壓制的方法才可遵守秩序，將來也需要用此種方法才可遵守秩序。我們非但要看到結果，而且也要看到在達到結果中所用的方法。只有那些我們將來仍願採用的方法，才是教育中達到目的所應有的方法。

不要多說，多辯，誘言，或恐嚇。 心理衛生的一種方法，就是動人感覺他們的思想和行爲的習慣，不是最好的。有時，這種方法是有效的，但是說話過多了，倒反可以產生妨害。交替律告訴我們，假如一種刺激是重複地發現而缺少充分的動機，這種刺激將要失去他的效果。教師向全級學生講得越多，她這種方法將越失效力。有時，教師可用明哲的讚美，鎮靜地處理情境，和提出有興趣的與刺激的工作，比較簡單地告訴他們何事應做，或何事不應做，當能容易達到目的。

發展業經顯著的才能。 有一種教育學說主張補償。這種學說，主張兒童應該着重發展他們所不擅長的能力。假如兒童的讀法能力低劣，他應給予特別的幫助以資補救。根據此種學說，假如兒童有音樂或體育的能力，那麼這些業經發展的才能不必再由校中注意。現在，這種學說是比較地不為一般人所接受。現代教育者主張個人應該發展他那些業經顯著的才能。會用手的兒童，應該給予他充分的機會去發展他手的技能。一個歡喜做領袖的兒童，應該給予他機會與其他兒童相處一起，以發展他社交的本性。有特殊藝術能力的兒童，應該有充分機會迅速地進取他的功課。雖然不應該忽視兒童發展新興趣和發展潛伏的能力的機會，但是這種發現，頂好是能夠充分發展業經顯著的才能。

讓興趣決定活動。 有些事物是必須在學校中學習的。所有學生必須學習讀書和寫字的基本技能，而且也應學習適當的基本健康習慣；但是教師與父母應該多注意兒童的興趣，而讓這些興趣多多決定他們的活動。假如兒童歡喜學寫，讓他多寫一些他覺得是有興趣的東西。假如他歡喜讀書，讓他多讀一些他所歡喜的故事。總而言之，兒童根據興趣所學習的活動，當可得到較好的結果。而且，兒童從事於他有興趣的活動，更可得到較好的心理健康。

在討論某人某一點時不要忘記此人的全部。 每個教師和指導員對於他的朋友有所批評，同時又想保持友誼，定是感覺困難。我們常是將批評我們的行爲或技能，與批評我們自己相混雜。一個得到低劣分數的兒童，覺得他在教師眼中，是被看輕的。在教室中不守秩序或手不清潔而被教師責罰的兒童，相信教師是不歡喜他的。這種情形，一部份是由於批評不適當的原故。在告訴某人他的過失或弱點所在時，我們常忘記使他感覺到我們仍舊是他的朋友和爲他的利益而計劃行動。教師應先自覺，她對於每個兒童的幸福是常記在心，而使得兒童相信她是歡喜他們和要與他們做朋友。假如兒童能被教師說服，則將來教師對於兒童的批評和責罰是不致使兒童驚異或抑悶的。教師表現她的技能，最好的方法乃是幫助她的學生求進步，而同時使他們感覺她是他們的朋友。

不要使兒童緊住你太緊。 父母和教師，不應保護兒童和引導他到一種使他在每件事上依賴他們的程度。兒童必須長成，且應有相當的獨立能力，將來才可自己保持自己的生活而不必過分地依靠他人。

功課應該簡單和容易了解，使得兒童能夠着手，而不致遲延。 有時，兒童不能獲得準時工作的習慣，因爲他們所期望的功課是艱難的，使得他們躊躇不進。假如兒童有某種功課做，而不十分了解起手或進行的方法，他當然是躊躇不願着手的。這種情形很可發展遲延的習慣。假如你希望兒童能有平時工作的習慣，你必須使得他充分地明瞭他所要做的是什麽，和如何着手的方法。有時，教師常不注意她的學生所用解決問題的方法。兒童對於了解工作的本身和做工作的方法，是需要同樣的幫助的。

不要利用你班中的兒童來供給你自己的需要。 教師擔任工作是因爲她自己願意工作。許多教師擔任工作，是因爲她們由此可以達到平時不能達到的渴望。有一個教師渴望兒童愛她，而於她的學生中則施以脆情的情緒。還有一個教師有一種堅强的慾望去支配他人。這種支配的慾望可以在教室中滿足。有些教師常責罰全級兒童遵守剛良的秩序，藉以滿足此種慾望。還有一個教師渴求讚美或注意，所以在她班中富於表情的兒童常可得到她特別的注意，而平常沈默的人却被她忽視了。每個預備從事教師職業的人，應該認清她是按照各人的能力對待兒童，而並不是以此作爲得到滿足的方法。

必要時根本地改變環境。 假如兒童得不到良好的適應時，解決的方法乃是在改變激動的情境或供給健全的活動，而不必去勸服兒童承認他的行爲不好或他應該改良自己。許多個人，特別是兒童，不能改變他們自己的行爲。所以必須改變產生不健全行爲的情境。有時可採用調換教師，改變學科，移調教室，改變家庭情境，改換伴侶，或改變校外的活動而達到目的。假如兒童能去加入童子軍，參加教會的活動，參加學校中結社的活動，或參加夏令營，亦可得到需要的改進。

不要因爲避免使人受苦而不誠實。 對於兒童的工作要誠實地告訴他，但在告訴時保持你和他的友誼。有時，教師因爲要避免傷害兒童的感情或怕兒童發生自卑的心理，常將兒童的工作情形，延遲地告訴他。不去告訴他關於他的工作情形並不是一種恩惠；但是在告訴時，使他知道你並不是傷害他，或看不起他，乃是他的朋友，而且設法幫助他。每個人必須要知己，明瞭自己的能力、技能、習慣、態度和性情。假如一個兒童有低的智力，這種事實既不要看重，也無需隱藏；不過他應有各種適應的機會。有平均能力或不均能力以下的人不必失望，因爲在各種能力方面，均有適應的機會。學校應該幫助兒童依照他們的能力尋求適應。這種適應可由班級中的分組或課程的適當區分而達到。現在告訴一個人關於他的智力的事實，雖然使他失望，但是却比較讓他在不可能的希望中進取，終久當能得到較良好的適應。

不要接收草率的或不整潔的課業。 教師不應接收在兒童應有能力之下的工作。速記和打字教師不應接收在商界所需要的標準以下的工作。技術科如此，智識科亦然。教師應根據每個兒童的能力決定標準；不及這些標準的工作，教師都可不予讚許。教師應該小心注意，對於眞正的努力應加讚許，對於學習的進步應加讚揚。同時，他們也要注意，對於草率的或不整潔的課業不要讚美。

不應向兒童顯示過分的同情。 假如你的兒童受傷，你可不動情緒地去照顧他的傷痕。假如年幼的兒童跌交，碰了頭或割了手，父母普通的傾向多是對於兒童大驚小怪。但是依照心理衛生的原則而言，父母和教師的注意應該傾向於結果。假如有血液，應即用消毒藥和綳帶。假如有非常的痛苦，應即設法除去痛苦。但是，假如是輕微的破裂，則不必對兒童表示過分的同情，方不致使兒童因得到同情而去受傷。

不要說『太壞』『事情弄糟』。　對於他人所做的事表示憤恨、驚愕或激動，是無異在他人的心目中造成羞恥、過失或犯罪的感覺，這些感覺乃是斷然不健全的態度。假如一個教師，認爲某種行爲是不適當的，她或可忽視這種行爲，或可將不贊成這種行爲的事實，在適當的時間內說明。尤其重要的乃是應將相關的適當行爲提出讚美，可使兒童在做適當的工作時，得到一種滿足的感覺，而不致常由不適當的工作中，得到過失或罪惡的感覺。

幫助兒童分析他們自己的情境。　假如我們要教導兒童有思想地處理情境，我們必須教導他們估計他們行爲的結果。要達到此種目的，他們需要我們的幫助；我們應該幫助他們設想週全，使他們能夠看出他們所做的結果。假如我們與兒童計劃團體的活動，並與他們同想團體方面的決議，我們同時也就是幫助每個兒童計劃自己的事情。教師傳統的方法乃是計劃每天的工作，而將兒童領到他所計劃的工作上去。但是依照心理衛生的原則講來，教師頂好與兒童共同計劃所要做的工作，並且幫助他們看到所期望的結果。每日中有許多機會可以討論學校中的工作；若是每次我們幫助兒童設想他們選擇工作的結果，我們很可幫助他們多有自信力以應付現實。

在做例行的和煩厭的工作時要保持愉快的和熱誠的態度。 兒童常採取與他接近人的心氣和態度。所以教師的職責是常要保持一種樂觀的和熱忱的心境，藉以調整全班的空氣。教師應該努力不讓他們的怒氣來激動班中的平靜，並應時常保持活潑與熱忱。

討論和研究問題

1. 舉例說明兒童在煩擾教師或其他學生時，將如何動作以引起教師的注意。
2. 一個學生屢次與人耳語，一方面因為他是很活動的和神經的，一方面他想由此引起他人對於他的注意。教師明瞭最好的方法乃是忽視這種耳語，但是這種耳語，却是非常討厭的；猶能阻止班中的工作，而且有傳染的傾向。在這種情境之下應該如何處置？
3. 為什麼常說一個兒童懶惰可使他變成更懶惰？
4. 將壞習慣逐漸打破，每日有一點進步，或將壞習慣全部一次打破孰優？舉例說明每種方法都可成為適宜的。
5. 你與一個兒童坐車長行。他不久即感不耐，而向你擲字紙，或拉你的衣服或頭髮以惡煮你，他已坐厭了而希望遊戲。他希望你對他有所反應，將東西擲回去或嬉戲地將他推開。普通成人的反應乃是嚴厲、粗暴、恐嚇和發怒，強迫兒童坐下和鎮靜；但是這些手段並不是處理情境的最好方法。在此種情境下，試擬處理這個兒童的步驟，

6. 用下列方法處理兒童，可以養成兒童何種不良的習慣：偎兒童？恐嚇兒童不實行？堅持兒童要受絕對的訓育？

7. 每種情境都有可以獎勵和讚美的因素。爲什麼有些父母和教師對於情境感覺很難獎勵或讚美？

8. 極少地幫助兒童解決新問題是否可能的？能否過分地幫助他？過分地幫助他時將有何種結果？個人將如何決定需要多少的幫助？

9. 舉例說明有時告訴一個人關於他不好的事情或批評他是於他有益的。

10. 調和這兩句話：『不要接收草率的或不整潔的課業，』『不要保持過高的標準。』父母和教師必須容忍相當的偶然非作，行爲上的鬆懈，不守規則和遺忘？

11. 教師將如何與全班合作決定計劃？教師假如從上面接受不能與學生共同討論的規章，她將如何處理？學生多多參加計劃是否適宜？怎樣使兒童感覺他們是要多多參加計劃的？

第十二章 訓育

訓育在學校中應被認爲是心理衛生程序中一種重要的工作，而且應根據本章中以前的原則去實施。設想訓育是一種服從和馴服，乃是顯示着與心理衛生原則相反的習慣和方法。不論教師希望一班達到何種結果，結果要想這些結果是馴良、安靜，服從和對於犯規的處罰，一定是要產生其他有害的結果。我們可從另一種觀點來研究訓育的問題，或可較易得到良好的結果。訓育根本是靠着教師對於兒童的需要和欲望，以及他達到目的的方法，有一種較好的了解；同時兒童對於教師的願望也能了解。也許，許多訓育上的情境可以不難解決，只要教師真能了解推動兒童的力量，他的動機以及他得到解放和滿足的方法。訓育上的困難，多是由於教師不是將這些困難當作問題去研究，而是常作情境去解決。普通學校對於訓育問題解決的錯誤，是在牠們只去研究徵象，而不去研究產生這種徵象的基本原因。

解決耳語的通用方法（最近幾種研究，證明耳語是最煩厭的，和最普通的不良行爲）乃是斥責兒童或用分座、關夜學，或增加課外工作去處罰他。這些訓育的方法是不能滿意的，因爲這種方法乃是直接去處理耳語這件事，而不去尋出兒童耳語的原因。反之，假如教師要去發現兒童耳語的原因，她可發現兒童是由於無工作做，工作太難不能照所期望的去做，以及兒童感覺這種工作是無興趣的和沉悶的，或者有些好聽的事實，一個兒童願意去告訴那個兒童。兒童耳語也許是想引起注意。假如教師能不憚煩惱，尋出兒童爲什麽要耳語，她或許能想出較滿意的方法，來對付此種行爲。假如兒童不曉得書中課文的地位而在尋找時，教師即應幫助兒童找着，使他能够隨着班中工作進行。假如工作過難，教師宜設法將工作適應兒童的能力。假如工作是無興趣的，教師應自問在本日班中的工作，何種是能使兒童發生興趣的，而努力使本日的工作發生興趣或激起兒童此種的感覺。

要說學校中所有的訓育問題都是教師的過失，也許是言過其實；同樣地，要說每個訓育的問題只要尋出原因即可解決，也是太過。有些兒童表現一種性情上或生理上的缺陷，這些缺陷雖使他們顯示常態的限制；有許多可以對付大多數學生的方法，對於這個特別困難的兒童也許是不適合的。但是訓育上許多問題的解決是在了解情境，兒童的本性，和他的需要，並設法使學校的生活來適應學生的能力和興趣。對於某種學生的特殊研究有時乃是必要的。每個教師，假如她要成爲一個良好的訓導員，必須對於她的兒童精神上的生活，有一種較好的了解。

教師可以依照心理衛生的原則來了解訓育上的問題，而可得到極大的幫助。假如教師能够了解一個學生的不良行爲，乃是由於精神混亂中一種徵象，這種徵象不論是表面的和暫時的，或根深的和永久的，且能尋出原因而設法除去原因；那麽，他一定能從處理訓育情境中有所心得。不良行爲乃是一種徵象。

現在的醫生並不改正徵象；他要發現原因。假如病人骨節中有風濕病，他要用X光照驗牙齒，察看牙根的發炎，有無將毒質輸入血液中。賢明的教師並不用處罰或抑制來改正不良的行爲，因爲這種辦法只能達到徵象；她要在不幸的學校或家庭環境中尋出根本的原因，並且試行更換此種激動的情境，以消滅此種不良的行爲。

許多訓育上的習慣常與心理衛生的原則衝突。許多懲罰的方法平常雖多爲人所採用，但卻少有人爲之辯護。有一位作者詹姆斯(H. W. James)曾將訓育中懲罰的學說列成一種系統，現在用他自己的話引證如下：

本文的目的是想對於訓育的方法有所論列。他報告四十六位有經驗的校長、視導員和教師，對於處理學校中特殊犯規方法的意見。本文的張本，是由作者在一九二六和一九二七年在辟司堡大學暑校時從班中的畢業同學所搜集的。這些同學都是本雪文尼亞省有經驗的教師。

這些教師將學校中犯規的行爲列爲十七種，然後對於每種犯規列出處罰的方法。此處應該說明的，就是每種犯規下所列出處罰的方法不是要全部採用的。下表所列的處罰方法是按照寬嚴而排列的；採用時要顧到當時的情境。在施行處罰以前，應該積極地鼓勵和嘉獎兒童良好的行爲。而且，教師亦應秘密地與犯規的學生懇談不良的行爲。

學校犯規事項與建議的行爲指導

1. 遲到

a. 放學後關夜學補起功課

b. 將情形報告家長

c. 將情形報告主管官吏

2. 無禮貌

a. 口頭的責罰

b. 將犯規者與同學分開

c. 體罰

d. 從班中除名

3. 『不睬』的態度

a. 將犯規者與同學分開

b. 剝奪權利

c. 在公衆前認錯

4. 在教室中有意搗亂

a. 剝奪權利

b. 口頭的責罰

c. 體罰

5. 在教室外有意搗亂

a. 口頭的責罰

b. 停學

c. 除名

6. 對於指定的工作不誠實地去做

a. 扣除學分

b. 指定額外工作

c. 將兒童座位與團體分開

7. 不努力工作

a. 散學後關夜學重做

b. 剝奪權利

8. 偷竊

a. 賠償物件

b. 報告家長

c. 報告主管官吏

9. 謊報關於其他兒童的事

a. 口頭的責罰

b. 在公衆前承認過失

10. 假冒簽字

a. 口頭的責罰

b. 報告家長

11. 粗心而不遵守章則

a. 口頭的責罰

b. 剝奪權利

12. 在背師時過分熱心

a. 指定額外工作

13. 公開的反抗

a. 體罰

b. 停學

c. 除名

14. 擾亂

a. 口頭的責罰

b. 剝奪權利

15. 遲緩

a. 放學後開夜學補做功課

b. 報告家長

c. 報告主管官吏

此種論調不久即由文納特卡(Winnetka)地方之督學華虛朋(Washburne, C. W)和鄧廉

(Dummer, F.)二人加以反駁。華盧朋指出詹姆斯論文的錯誤，簡單講來，他指出詹姆斯的辦法缺乏適應性。據詹氏的意思，同樣的處罰可加之於所有的學生，只要他們是違犯同樣的規則；而不知犯規乃是對於以前各種經驗的反應。詹姆斯的建議是不能使人滿意的，因為第一，他這種建議完全不顧到與犯規有關的情境。第二點，了解與同情的適應是比較壓制和處罰的方法更為需要。學校中不良的行為和犯規不應加以壓制而需要教育，改變環境，改正不幸的態度和思想的習慣，而代以與自己和他人都能適應的新的和積極的習慣。華盧朋曾列出三個例子，具體地說明他的觀點，而值得將他們全部地引證出來：

第一例：一個美麗的十歲女孩名叫愛莉斯，她是在五年級讀書。她的教師報告她的情形說：「自本學年開始起，她是逐漸地使我的神經緊張。有時，我覺得假如她再在我的班中一日，我將要喊叫出來了。」另一方面，愛莉斯每日在家哭泣。因為她感覺到她的教師是不公平的，是過嚴的，而且不喜歡她。

從教師的觀點看來，愛莉斯常是一個搗亂者。她常與她鄰近的同學耳語；她常離開本位在班中走來走去，有時故意地倒鉛筆，或丟字紙。幾月來，教師常是幫助她戰勝她的壞習慣。教師先是很仁愛地與她談話解釋給她：擾亂他人的工作是不公正的；而且有些習慣更足以阻礙她自己的工作：這些習慣是愈久愈難改過來的。愛莉斯當初似是明瞭，並且答應改過自新。幾星期以來，教師時常提醒他，但是他並沒有什麼改進；而且她似乎是比較從前更使人煩惱了。教師在失望之餘，乃用方法去對付他。最初，教師採用鼓勵的方法，如設一張表看看她的擾亂行爲能否減少。後來，教師因爲繼續的失望，乃用較嚴重的口氣警告愛莉斯，而且採用處罰，如放學後留置校中或與其他同學分座。

從愛莉斯的觀點看來，她的教師是不公平的。愛莉斯堅決地對她的教師和母親說明她是有思想的。她所受的閑話和輕視的提醒，使得她很不快活。最後，她也是灰心了，而且不喜歡她的教師，甚至不願再去改過。

在這時，乃有外界的幫助。後來她的家庭醫生發現了她的甲狀線機能過敏，而未爲學校中的體格檢查所查出。她的醫生說她的不靜和過分的活動都是因爲她的生理關係；除非她的身體恢復了健康，她是不能與其他兒童一樣地沉靜的。而且將她關在教室中更可增加她的騷動。她本身的努力只能短時間地控制她的活動；但是不久繼續的緊張乃使她產生更多的活動。所以他的醫生建議，假如愛莉斯開始騷動時，可以給他一點工作做，如傳遞紙頭或牛奶瓶或送信，這樣可使她的活動有一個正當發洩的機會。有了這種活動以後，她可安靜地坐下，做一些時的工作。醫生也建議不要說出她的失敗，因爲失敗的感覺可以產生不快和緊張，結果可以產生增加的活動。但是對於她的成功要多方與以讚許。

教師自從明瞭了此種情境以後，她即採用了一種完全不同的方法來對付愛莉斯。在年終時，愛莉斯的健康已經有了一些進步。她在學校中的行爲也進步了，此種進步比她健康上的進步還要多。當她開始騷動時，教師乃給她一些好的工作以發洩她的活動，教師也不去責駡她，並將責駡減到最低限度，因爲教師沒有二十九個兒童要去對付。到五月時，教師與愛莉斯的友誼又恢復了；以前彼此仇視的心理也消滅了。因爲她有充分的機會去活動，所以她坐下工作時，能較前集中注意。因此，她就不必去煩擾他人而他的工作也有進步。在本年年終時，一切事情都是很順利地進行。

假如這位教師要遵照爵姆斯的列表處理，這個兒童將要有下列各種的犯規：

無禮貌

不理睬的態度

在教室中有意搗亂

不努力工作

因粗心而犯規

在背誦時過分熱心

對於以上的每種犯規行爲，教師在與犯規的兒童說明了不良的行爲以後，可以給予愛莉斯下列處罰的一種或數種：

口頭的責備

將犯規者與同學分開
體罰
從班中除名
剝奪權利
在公衆前承認過失
放學後留置校中補功課
指定額外工作

這位教師耗費了許多時間和精力去診斷她的徵象；直到後來，由於醫生的檢查，她才發現了徵象的原因。假如她開始就尋出原因，她一定可以避免她自身的激怒和愛莉斯心中的不快和煩惱。

第二例：約翰是一個四年級的學生。他的教師說他是一個幻想者和一個搗亂份子。雖然他似乎能在他人的監督之下做出好的工作，實際上他卻是一無所成。他做出愁眉的臉色以引起其他兒童的注意，使他們發笑；爲要引得他人與他談話，他常去干涉與他鄰近而正在工作的兒童。有時，他常將他的領帶拖動，或將他的鉛筆釘在橡皮上，或看着東西幻想。當他醒覺時，他將長嘆一口氣。他的表情常是不快的和苦思的，除開有時他做些歪面孔。

他的教師直到無法時才去求助於人。她相信她已嘗試了各種的方法，從讚美的到責罵的，從特殊的獎勵到增加課外的工作和留置校中。她也給他工作帶回家去做，並且打電話請他的母親幫助他；但是他的母親似乎不注意，因爲他的工作並沒有做。他的教師說「我已爲他盡心盡力；我現在將要不管他了。」

研究者在研究這個兒童時，先給他一個心理測驗。測驗的結果，證明教師所說關於他的能力的意見是不錯的。他非但能做他班中的工作，而且是很容易地做到；因此班中定時的練習工作，使他感覺無聊。他的工作習慣是非常拙劣的。當他在一個教師單獨的指導之下工作時，他可以照平常的速度加倍地進步。他要指導的科目是算術，他的算術成績是最後的。他有分析的態度。假如他自己能做出的事而由別人告訴他，他就會生厭的。他常是歡喜研究事物的爲什麼。因此研究者只告訴他一個新步驟的起頭，讓他提出問題，而做出其餘的各部。他很歡喜這種方法，而且常常一天三四次到教師那裏去問教師能否再給他一點額外的工作。

第二個調查乃是調查兒童的家庭。當研究者走進他家時，他的母親手中正抱着一個六歲的弟弟。她未坐下以前，先將小孩放在一個高椅上，椅上墊着墊子，且有特製的皮帶，可使他不致滑下。他的頭、手臂和腿常是移動，所以不到幾分鐘她要將他移正放好。電話鈴響時，她將椅子和兒童一同拖去聽電話。

在半小時的談話中，研究者知道了椅中的孩子，在十六個月時曾得了好睡的病，因此她不能片刻離開他，恐怕他因不自主的跌倒而受傷。因爲醫費太貴，不能使他的家庭另請特別的看護，所以母親只有親自照顧他，而且還要再做家中的工作。她也明瞭約翰並未得着她正常的注意。有一次，約翰對她說：「母親，有時你也愛我，好嗎？」但是她能做什麽呢？

從他的家庭歷史看來，約翰在學校的行爲可以曉然了。當然，他是渴求他的母親應當給予他而無時間精力可給予他的母愛。因爲缺乏母愛，所以他要尋求其他方面的滿足。假如他能發現學校的工作能與他的能力平衡，因而得着一種知識上的滿足，他或者也可成爲一個優等生。但是班中的工作使他煩厭，而工作的方法又使他激怒。因此他退到一種幻想的世界，有時想法得到各種對於他的注意、責罰、處罰額外的工作，甚至和悅的提醒，都足以使他感到學校是一個不愉快的地方而想退出。所以這些方法非但不能幫助他戰勝他的困難，只有增加他的煩惱。

解決的方法是什麽，或者我們可說既然目的尚未達到，應有什麽計劃？第一步，約翰是被調到另一位教師那裏去，因爲第一位教師有一種威嚴的人格，而另一位教師却是可愛的、熱忱的和愉快的。約翰調過教師時是根據於學校情境中的需要，所以不需要向二位教師有所說明關於他的家庭情境却向新致師說明過；研究者並請新教師到他家去看一次。這個兒童因爲從前未曾得到充分的注意與情愛，因而現在有了深切的需要，這一點也曾告知了新教師。研究者並且建議在可能範圍內，教師給他相當的注意和情愛，只要不使他感覺他是與衆不同；這種態度對於他是健全的，雖然對於其他在家中有充分情愛的兒童也許是不智的。

第二點，約翰短時間在特別的幫助之下，對於算術的成功也與新教師討論過。各種引起他的興趣和保持他工作的熱忱的方法都經列舉；以前所未試過的新方法亦經建議。研究者並建議教師，假如他不妨礙班中正常的工作，她可採用這些方法，以保持他的興趣。研究者向教師說：「除了幻想以外，他需要尋找其他發洩精力的方法。不要將他當作一個問題的兒童看待，而要將他當作一個需要你的技能和智慧以應付的兒童看待。」

文納特卡學校的習慣辦法，是請一位教師跟一班學生教兩年才調；所以約翰仍舊受教於與他做朋友的教師。這位教師開始即得他的信任心。當他感覺到他是得到教師的愛護而且屬於新的一組時，他即減少引人注意的活動。有時他的舊習慣又發作了，教師乃暫時不去理睬他；此種冷靜的態度比較以前教師的責罰是有效得多。他對學校的工作逐漸發生興趣，而且較前努力並得到成功的感覺。就是最難剷除的幻想也逐漸消滅。雖然約翰是與正常的行爲相差還遠，但他卻有了良好的進步。

這個例子也是說明處罰非但無用而且是殘暴的。第一個教師所用的體罰徒足增加困難良好的處理方法並非根據於兒童不良行為的本身，而是根據於兒童需要的了解。

第三例：在一九二六年秋季開學的前一天，新的學校指導員被一位老師警告着，說他將有一個困難的工作不易對付。「納來是在六年級。自從我參加新制以後，他的讀法就是很壞的。去年一年之中，他得到特別的幫助，而現在他似乎是仍無希望。還有他的行為」

當這件困難的工作真的交給指導員時，所列出納來不良的行為是：常常遲到，在班中吹口笛或大聲談話，不服從，幾乎是公然的反抗，不能集中工作和顯著的讀法缺陷。指導員開始參觀教室，發這個兒童在一次讀法課時，她逼叫全班的兒童大聲讀給他聽。當納來輪到讀書時，他忽然跳起來，一聲不響地跑出去了。幾天之後，納來被叫進來，幫助指導員做些工作，他被指導員叫着搬物件和遞信等，不久以後，他們彼此間成立了友誼的接觸。這時，研究者請他做一個心理測驗。關於讀法的測驗都用他種代替。雖然如此，他在司丹福比奈的測驗上只得到70分。從前所未提取的讀法現在逐漸地介紹給他。經過了許多阻礙和假促以後，納來最後方將他的故事說出。他在最初時即討厭讀法，覺得這課很難。在一年級時，他曾被教師取笑過一次；因為他是班中最大的兒童，而反不及年幼的兒童讀得出。（納來向來是年齡過大的）其他的兒童都笑他。因此他很惡讀法。從此以後，他在可能時總是逃避讀法。自然，他的讀法是大在人後；其他各科也是如此。在算術中的說明他都看不懂。他的拼法也是很壞。他不能讀社會科學。他在學校中所歡喜的事就是休息。體育教師說，他生來就是一個領袖而且很負責。

處理納萊的困難即從幫助他的讀法開始。指導員請教師對於他的行為盡量容忍。開始幾天，在上讀法課時，他從未去動過書。教師乃設法鼓勵他說出他的羞恐，侷促和悲傷的感覺。不久之後，他就能夠很安靜地自由談話，而不致口吃和面紅了。這時，教師建議於他，可從讀法中得着有趣的資料，並從讀物和報紙中讀些有趣的節段給他聽。每日且有一二本好看的書放在他的桌子上。後來有一天，他向教師說，他願意讀書。教師乃幫助他，而從夾着有趣會話的空氣中開始正常的教學。在三星期以後，他的朗讀能力，根據爲雷標準朗讀測驗表增加了二年的程度。

同時，納萊的教師逐漸感覺不耐煩，而她的態度也漸變嚴肅。納萊的行為也常常變換。一位年青的教師注意他。她知道指導員是在研究他，所以她去問指導員說：『納萊不應有現在的行為。我相信他一定有改進的可能性。我很願意有指導他的機會。』於是校長乃設法再將這兩位教師對調。第一次，他到新教師的教室去時，教師却出去遊戲。門外有幾個兒童在打螺旋。教師請納萊告訴她怎樣玩法。在休息以後，她告訴其他的兒童關於納萊打螺旋的技能。

幾日以後，教師與指導員將一年的工作檢視一遍，並將功課稍予修改以適應納萊的能力。納萊能力雖然大有進步，却與班中的程度相差過遠。修訂標準當然比較尋找特別的材料容易。但是教師終肯負起她的責任。而且，她還要看出她能如何單獨地幫助他這個要求，指導員也答應她了。後來，納萊的行爲完全託付這位教師去指導。以後，幾次的調查都證明納萊已改去了搗亂的行爲。因爲學校對於他的需要是在他的能力之內，所以他能在工作中得着成功。雖然他仍舊是遲鈍的和落後的，他的生活却是成功的和快樂的。在給他適應以前，納萊的不良行爲幾乎可以佔滿儒姆斯表中的全部。但是處罰乃是他最後所需要的。學校也應負責，因爲學校不能認識納萊沒有進求正常功課的能力，而却將他陷入失敗的激怒中。自從他感覺自身是不及他人以後，他常是感覺痛苦。當他的弱點是被識破時，他即利用逃避的方法去應付，如不願嘗試或不肯工作。假如學校最初就認識了他低的智力而去調劑他的工作，這種不幸的行爲是永久不致發生的。

爲要再行詳細地敍述傳統的處理不良行爲的獨斷的和壓制的方法，與按照心理衛生的觀點處理方法的不同，現在列舉五個在學校中常見不良行爲的例子，以及處理這種不良行爲普通和不滿意的方法，而加以批評，並附以按照心理衛生的原則處理這種情境的方法。

不小心工作　一個學生每日交進不整潔的工作。寫字常是不整潔，紙上有汚點，有油漬墨跡，紙角上或是弄破或是捲摺。

不滿意的處理方法：

1. 試尋不小心工作的原因。
2. 告知學生工作整潔的必要。
3. 假如此法不成功，警告兒童假如以後工作仍舊不整潔，將要受罰。
4. 假如兒童仍舊交進不整潔的工作，叫他重做，使他知道小心一點和多化一點時間做好工作，比較重做是合算的。

討論處理方法　在上列的訓育計劃中，試尋工作不整潔的原因和處理此種行爲的方法，兩者之間沒有發生關係。也許上面所用的方法不論在何種情境中都是適用的，在建議的方法和牠們的教育含意中，看不出什麼相關。假如要調查這個兒童工作不整潔的原因，也許可以發現是由於兒童不能做此種工作，因此潦草塞責。或者，這個兒童是來自一個產生不整潔習慣的家庭。

依據心理衛生原則來處理此種行爲的方法　不注意的工作乃是一種潛伏的不良適應的徵象，而需要改正的。教師要改正此種徵象，而不事先了解兒童爲什麼不注意的理由，是不能解決此種情境的。例如，讓我們假想這個兒童是有不良的家庭環境，使他不能做整潔的工作——家庭中不整潔和什物狼藉。這種兒童，從來不知道整潔的工作是足以自豪的。這時教師必須設法使兒童從整潔的工作中感覺滿足。教師應該尋出與整潔工作有關的事項而加以讚美。讚美其他兒童工作的整潔是無用的，因爲這個兒童根本就不知道如何做整潔的工作。教師必須教他在簡單的和易做的工作中如何做到整潔，教他在做了整潔的工作以後，能够感覺滿足，和慢慢地教他將這種整潔的習慣擴大到其他的工作上去。

反抗　一個學生被教師叫着到黑板前寫出問題的答案時，回答教師說：「你不能勉强我。」

不滿意的處理方法　教師應該再申她的命令，而且用她的權威和堅持達到她的目的。事後，她應該與這個學生談話而教導他應有公正的概念和運動家的風度

批評　教師常在未明瞭推動學生行爲的能力以前就去與學生談話。常態的學生開始並不是傲慢的或無禮貌的，當一個學生對一位教師表示反抗時，在他的態度中，必有某件事實使他相信他必須如此做；在未明瞭某種概念和情境產生他這種行爲以前，而想使學生看出他自己行爲的不對乃是徒勞的。

依據心理衞生的原則所建議處理的方法　在這種學生表現反抗的情境中，他多半自己相信他必須要有此種勇敢的反應，或者他必須保持他的勇敢。所以聰明的教師對於此種行爲將讓它過去，而不必激怒，不去計較學生的言論或不去逼他背誦，並不是表現教師的弱點。用威力强迫他背誦，只能擴大事態

而使情境更加緊張。非但如此，這種情境還可無疑地使他得到一種滿足；因爲也許他希望與教師發生衝突，甚至或可得到便宜。

而且，教師在未明瞭爲何學生相信自己必須反抗師長以前，是不應該遽謝改正兒童的行爲。這可由與學生談話和指出他在校中和校外對於此事的興趣與態度而確定。也許可以發現，學生是相信教師的態度是不公正的，或是有意挑他出來，或者是他在家庭中常是無禮貌，而將此種無禮貌的習慣帶至校中。在同樣的環境之下發出。教師只有在明瞭推動兒童行爲的力量以後，才可向他談話而指出他過失的所在。假如學生有某種情緒上的阻礙，使他不願背誦和拒絕參加班中工作，這或者是由於別的兒童取笑他，或他自己感覺這種工作是太無趣味而不願再發生反應。不論情境如何，教師應先改正困難的原由，而不必去逼迫學生和用武力使他就範。

不注意的習慣 這個兒童常玩弄桌上與功課無關的東西。教師叫着他時，他不知道講到什麼地方，他沒有聽見教師所講的，他在閱讀其他與功課無關的東西，和表現很顯著的不注意的現象。

不滿意的處理方法：

1. 嚴厲地向學生申說。
2. 向學生解釋功課的重要，和使他覺得注意的重要以及嘗試成功的習慣。

3. 提醒他，假如他仍舊是不注意的，他就不能及格學校中的功課。

批評　這些方法都是就近的和緊急的方法。牠們都是針向行爲的徵象，而不是對着產生行爲的潛伏的力量。這些潛伏的力量如仍舊存在，則兒童仍舊是不注意的；而教師方面的恐嚇、說服或責罰，是敵不住此種潛伏的力量。

依據心理衛生的原則而建議解決的方法　這個不注意的兒童是應該加以研究的。教師應該問「這個兒童爲什麼不注意」？他是否身體不健康？他是否不能做班中的工作？他是否不能明瞭字的意義，不能明瞭問題？這個兒童是否對於班中的活動和工作不發生興趣？在校外，這個兒童的生活是否受着阻撓，因此他必須沉於幻想，以達到補償的滿足？在滿意地解決不注意的問題以前，教師必須明瞭一些不注意的原因，不論這個原因是什麼，必須改變或除去這個原因，才可使得這個兒童回到注意工作的地步。假如這件工作是太難或太易，這個兒童或者須要調下或調上一級。也許這個兒童有視覺或聽覺上的缺陷，因此注意力是弱而無效的。不論原因是什麼，應該先研究原因而根據原因加以改正的方法。

偷竊　學校中手工室內一套測量器具是被偷出去了。手工室只有兩個管理工具的學生可以進出，所以這兩個學生之中的一個一定是有嫌疑的。

不適當的處理方法　將每個兒童輪流地叫進來，要他承認偷竊這些器具。假如其中一人承認偷竊丁，將他從班中除名或停學，或兩種方法並用。

討論　根據不充足的證據而說每個兒童偷竊工具是不智的。這種辦法使兒童不肯承認，反而使得此種情境不易用理智的方法來解決。而且處罰是否爲解決實際偷竊兒童的良好方法還是可疑的。

依據心理衛生的原則而建議處理的方法　依據心理衛生的原則，在偷竊中有一種重要的因素，乃是偷竊的人所感到要偷的壓力；這就是表現在他一方面有一種緊張的和不滿足的情境，使他不能不打破社會上公認的抑制而偷竊不屬於他的物件。從教育上的觀點看來，學校失去少數物產乃是一樁小事而且對於此種打破社會規例的事也是可以忽略過去的。我們要發現兒童偷竊唯一的理由，才可改正此種情境，使他下次不致再犯。

要發現偷竊的兒童，必須先有一種精密的預備的攷查，研究兩個兒童的環境和注意他們對於此事感覺的小節。平常在偷竊案中，詳細的觀察可以看出許多嫌疑，並可根據這些嫌疑定出偷竊的事實。假如是錢被偷去了，我們可以注意兒童是否比平常多有錢用。假如是有價値的工具被偷去了，或許偷竊的學生是對於用這種工具時所經過的方法表示特別有興趣。有時，一個兒童因爲對於環繞某件事實的情境過分感覺興趣，常是不能自主。

處罰偷竊的兒童或者還是一種比較不大滿意的方法。從心理衛生的觀點看來，訓育的動作應該是能使兒童將來在此種情境中，可以表現更適宜於社會習俗的行為。假如兒童對於這些工具的用處是非常有興趣，可以設法幫助他，使他能賺錢自己去買這種工具。或者說服他的父母，使他能獲得他所渴望的工具，假如他是將這些工具賣去賺錢，可以幫助他用正當的方法去得錢，或者減少他需要錢的一種壓力。與兒童談話並指示他為什麼他的行為是錯的也可幫助他。但是與兒童談話時，不要帶着一種責罰他或訓練他的態度，乃是要他明白，他如何能用比較偷竊更加能使他滿足的方法，以達到他的需要與慾望。

毀壞公物　教師因事離開她的教室。不久，她回到教室中，看見教室中有過混亂的事情。不一會，她注意教室中電燈頭是被人弄去了。

不適當的處置方法　她即刻決定全班需要更嚴密的訓練，而在放學後，將全班關了三刻鐘的夜學，而且取消第二天休息的權利。

批評　用責罰、取消權利，或類似的方法來處理此種情境，並不能絲毫改正此種不良的行為，而且還要增强全級學生與教師之間的惡感。

依據心理衛生的原則而建議處理的方法　在諸如此類的情境中，這級的兒童是被擔負比他們所知道的更加重大的責任。除非全級兒童知道了要有秩序地領導自己時，教師不應讓他們單獨處在一室過長。一組兒童要有自治和抑制的習慣，乃是一種需要學習的成功。而且這組兒童還沒有獲得對於教室和校舍感覺自棠的觀念。保護物件，尤其是保護公物乃是必須學習的，並不是希望一羣學生能自然地實行的。等到有了不良的行為以後那就很難了。所以對於這種情形還是以預防為佳，責罰終是比較無效的。

要用預防的方法去應付此種情境有兩個步驟可循。第一個步驟乃是集中於啓發愛護校舍的運動。兒童必須知道校舍是屬於他們的，由他們負責。在走廊中的明顯處所，可張貼標語，激起愛護學校公物的熱忱。在家事室和大會中也要討論關於保護校舍和教室的事情。對於這些事件的注意，並不是一次就可做到的，乃是需要屢次討論的機會。許多有效的廣告乃是由於這些廣告是每天地提到。當我們要培養關於保護學校物產的熱忱時，我們非但要有集中的運動以達到此種目標，而且這種目標還要時常地提到。

第二個步驟乃是要訓練全班學生在教師離開教室時，要有一種責任心。教師可事先指導兒童了解在教師離開教室時，能感覺對於他們自身的行為有接受責任的自尊心，而且可在平常給他們練習此種接受責任的機會。教師最初可出去一會兒，使得兒童有一個機會感覺獨處的意味；回到教室時，教師可讚美兒童保持良好的秩序。教師可以這樣多次地試驗下去，每次增長她離開教室的時間，而常使得兒童對於他們獨處時感覺到自治的榮譽。

討論和研究問題

1. 處罰在教育中有無若何地位？普通講來，何者可取處罰的地位而代之？
2. 學校的訓育不帶權威能否實現？全體學生能否全用此法同樣地治理？為什麼？
3. 普通講來，一個教師能否讓一件不良的行為過去而不改正？有何教育的原則可以應用？
4. 你能否將學習律應用到訓育的情境中去？
5. 一個教師延遲處理一件訓練的情境，此種行為是否適當？為什麼有時是適當的？為什麼有時可成為不適當的？回答時，要依據教育的原則，不要為教師辯護或圖教師的便利。
6. 據說處罰的有效是由於處罰的確實，並非由於處罰的威嚴。這句話有何教育的原則可作根據？
7 假如兒童的不良行為，是由於不健康的身體或不良的家庭背景，這種情形可作寬恕兒童的藉口嗎？可作寬恕教師的藉口嗎？可作寬恕學校的藉口嗎？兒童的責任是什麼？教師的責任是什麼？學校的責任是什麼？
8. 舉例說明在訓育中處理行為的徵象。
9. 討論處理下列學校中犯規行為的方法：

(1)繼續的頑皮　(2)損壞學校公物

(3)粗暴或無禮　(4)欺侮弱小同學

(5)續費浪費時間　(6)遲緩

(7) 遲到

(8) 訓誡

第十三章　適合心理衛生原則的學校組織

差不多學校中各種的組織和管理，多少都可影響學生的心理健康。要發展良好的習慣，學校的環境應該是順利的。兒童的一個基本慾望乃是成功，所以學校中的組織，要能使兒童從各種活動的結果中得到成功。

課程是學校工作中的一方面，對於發展和維持良好的心理健康是很關重要的。學校中的課程和活動，要能使學生發生興趣並可增加兒童校外生活的價值。常有兒童在學校中失去興趣，或不能有良好的進步和適應。因爲他們所選的課程是枯燥無味的，不適當的，而且與他們的青年興趣相差太遠。學校課程應與全部的社會生活發生重要的關係。有一個中學生最近對我說，他相信學校的課程是比社會的進展遲一世紀。課程中的死木頭必須掃去，而代以男女青年可以欣賞的題目，和足以解釋現代複雜文化的材料，這樣才可使得青年成爲社會中有效率的和負責任的份子。假如課程不能對於每日生活中現代的需要有所貢獻，則課程對于兒童將是無意義的。課程中所選擇的題目要能適合兒童的興趣和社會的需要，

當兒童達到青春期，而職業的選擇產生時，課程更需分化，以適合個別的興趣和造詣。

學校組織中影響兒童心理健康的第二個因素乃是學生的分級問題。年級應該是代表心理發展的

程序。要用實足年齡來分級是不適合的，因爲同年齡的兒童在智力發展上却有很大的差異。心理的發展與社會的發展不是同義的。大半在學校學習的情境中，一班心理發展的程度能够齊一，是較一班社會發展的程度能够齊一爲重要。在某種情境中，社會間的取與十分注重；因此社會的發展乃成爲分組中一個重要的因素。但是要注意同班中的兒童都是代表相等心理能力的一組。在中等教育中，同樣的原則也可適用；要將一班中的兒童分爲數組，可用能力作爲分組的標準。但是能力分組並不能完全解決在一班中適應個性差異的問題。

不論智力和標準努力測驗在教育程序中最後將有何種的地位，但是牠們在表現班級教學的弱點上已經有了永久的貢獻。在同一年級中和用普通標準分班的兒童，他們在任何科目中的能力和成功，可以相差有五六年之鉅。這件事實可以證明希望同一年級中的兒童從指定工作中表現同樣的成功，這是多麼可笑的。要叫有些兒童做智力太高的工作和叫其他兒童做智力太低的工作，都是錯誤的。

有人反對，假如學校依照能力分組，則有自卑的和自高的不良態度產生。這種論調在相當範圍內可說是對的；但是這些態度只有在教師和父母過分地侮辱或標榜學生時可以發生。現在有許多證據可以表明在依照能力分組的兒童中，只有較少的競爭和緊張的情感。

學校組織中影響心理衛生的第三種因素乃是教室中的教學方法。個別教學曾作爲適應個別能力發展的一種方法但是個別教學却不能表現團體教學中所能供給教育上的社會價值。因此，團體教學如能輔以自由的討論和計劃，乃是良好的心理發展的要素。

個性化的教學，根據牠的宣傳者所說明是與體格上的分離無關。一個兒童化個別教學，是包括在他以內正常社會反應的發展和智識與技能的獲得。牠將重心移到個別的兒童身上而以他爲注意的中心。牠將羣性的教育代以個人的教育。牠測驗教學的效果並非在班級的平均數和常模，而是在每個個別的兒童依據他能力的比例所能有的進步。牠包括各種方法的應用，以決定每個兒童態度和興趣的性質以及能力與成功的範圍；這樣才可使教學適應個別的需要。

許多學校是很有效地將教學變成個性化，而不去實際上變動學校的組織。學校的教室乃是各級兒童活動的而非被動的地方；在這裏，他們由參加團體的或個別的活動中學習，少有聽講和聽教師指導的工作。在這種情境中，兒童是受著設備的刺激，同學的活動或建議，或教師的暗示去發動、計劃和完成適合他們年齡的各種活動。這種教學，再加以精細的考核和改正的工作，頗能正常地發展個性。

教室中的動機也與心理衛生有關。外鑠的方法，如獎品賞物和榮譽，或是競爭之過分的利用，在全部上講可以產生不健全的態度。動機應該根本地建立於內鑠的興趣上，爲活動的本身而活動，爲團體計劃和參加的快樂而活動，以及爲進步的希求而活動。測驗與考試，假如用得不當，從心理衛生的立場上看，可產生重大的傷害。有時，氣候的關係可以影響成功與失敗有時考試可使受試者情緒上受着打擊，而隨着有緊張與疲勞的狀態。考試根本地應該是爲兒童自己用來核對他自己在學習上的進步，幫助他得着聰明的選擇，和使得教師發現她的教學效率。

學校組織中影響心理衛生的第四個因素乃是發展社交生活和娛樂的適當活動。中學的課外活動如各種會社運動，乃是教室工作的一個健康的調劑活動。學校必須多多供給社交生活和正當娛樂的機會。有一種自由討論會，可使兒童分組地討論生活上的問題和實施合作的設計。一種有健全組織的會社計劃很可以供給社交發展的機會，而是在不准有此種組織的正式學校中所享受不到的。參加學生會的活動也可幫助養成一種責任心和保守學校秩序與規章的忠忱。學校的集會乃是一種方法，可使學校中有一種社會性的完成，同時也使兒童對于各組的工作感覺一種責任心和欣賞心。

第五點，既然物質上和精神上的環境可以互相地影響與改正，那麼，學校是應該供給良好的工作環境如溫度光線、通氣等。在計劃學年的長度，學期的長度，以及每日工作的時間，必須顧到疲勞的因素；在計劃學校活動時，必須顧到適當的平衡和活動的循環，而使疲勞不致發生。又應計劃休息時間，以打破長時間功課的單調和緊張。

教師常感覺心理衛生的責任是他們所不能控制的。她們是被指定某種教材；她們除了教授教材中所規定的材料以外，别無其他方法。學生是由行政當局編定年級和組别；教師是負責教導她所指定的一班學生，不論這班學生的程度，是如何的參差不齊。教師必須遵照學校的記分方法，不論這種記分方法是如何的不滿意。假如學校沒有適當的社交和娛樂活動的計劃，個别的教師在她的時間與精力之內，是不能改正此種缺陷的。不良的工作環境，例如溫度、光線、和通氣以及不適當的工作日程，都是教師所不能控制的。但是這些因素雖然是教師所不能控制的，却不能依此即可原諒教師不能在教室中採取良好的教學法。不論這些行政的和組織的事項是如何的需要，心理習慣發展的中心却是在教室中每日的生活。

雖然課程是不滿意的，一個良好的教師可採取課程中的精華。我們學校中有幾位最好的教師是拉丁文教師；這不是因爲他們對於學科發生內鑠的興趣，乃是因爲他們有廣泛的人類同情心，和對於青年的興趣與問題有敏銳的了解。假如一班中的兒童程度不一，教師仍可在班中設法謀個性的適應。不但如此，一位教師可用她的精神、策略、樂觀，或改造環境的能力以養成良好的習慣與態度。假如情境不佳，教師不必因避或寬恕她們，而應如良好的心理衛生家一樣，與兒童公開地應付她們，並計劃最好的方法以解決困難。

我們沒有任何理由可以隱瞞兒童，欺騙兒童，或曲解真正的情境。教師應根據事實與每個兒童計劃個人適應他每日生活中環境的最好方法。

指導工作　當兒童達到青年時期，學校的重大職責乃是準備他們能自行引導。個人問題的指導如升學的選擇，職業的選擇和其他有關個人的選擇，都是應該經過詳細計劃和組織的工作，而不應隨意從事的。

關於指導的工作必須有一位指導員主持其事，而且須有充分的時間去計劃。在指導程序中，關於每個兒童的狀況，如他的能力、興趣和個人的特性都應了解，方可使他對于自身的智能有一正確的估價。學校所能給予兒童的供獻以及兒童畢業後對於職業位置的機會，亦應包括在內。

許多進步的學校也給予學生團體的消息和忠告，並且供給關於討論個人衛生，社會行爲和類似問題的機會。在調查每個兒童的狀況時，應有一種詳細的測驗程序，其中非但包括智力和學業的測驗，而且也要包括興趣，行爲模型和人格適應的各種問答。學生的成績應該記在記錄卡上，可使對於每個兒童有一發展的圖形。有許多學校刑列說明的學程或職業指導學程，以告知學生關於現在的情境，並且供給學生印刷品使得學生熟識學校的指導和本地社會中職業的機會。這種指導工作應該包括對於每個學生當面談話的機會。這種談話並不是敷衍的，而是在個別地了解和應付每個學生的問題。

這種指導工作常由訓導員或女生指導員主持。但是經驗告訴我們，正當地實行指導員的職務，需要比一般普通教師還要多的特殊訓練，所以指導員應有特殊的專業訓練，方可擔任此種工作。

學校現在還未整個地認識牠們對於學生應有一種責任，向他們啓示教育和有價值的活動。因此學生是每日照例地來到校中選讀功課，而不知功課的重要或心目中有一堅定的計劃。同樣地，學校對於日常工作中所含有的奇想與冒險也不能指示出來。常有兒童認為冒險乃是到遠地去旅行，或乘飛機，或有緊張的和表演的經驗。學校應該向兒童指出，在普通人所認為無聊的尋常工作中，尚有興趣與熱心可從其中產生。學校對於鼓勵和啓示兒童學校生活的價值應認為是指導工作的一種。分組討論會，簡短的學程和會場中的談話都可用作顯示現代生活價值的工具。

討論和研究問題

1. 在你的學校中，你注意何種課程對於心理衛生有錯誤的影響？
2. 在你的學校中，課程的何方面似有較好的心理衛生的可能性？
3. 課程指導與心理衛生如何相關？
4. 概述贊成和反對學校中以能力爲兒童分組根據的理由？
5. 教師在教室中對於個性能力的差異能有何種適應？
6. 一組學生採取不良的心理態度，是否由於他們所在團體固有的性質而起，抑或由於教師和父母所加於這個問題上的解釋和價值而起?

7. 概述贊成和反對個別教學兩方面的理由。

8. 討論獎賞與獎品在動機上的影響。

9. 學校考試的價值是什麼?

10. 有人說學校考試對於學生可以產生許多緊張和憂慮。考試應否因此而廢除?

11. 如何進行考試而於心理衞生有較良好的影響?

12. 指導課對於心理衞生有何價值?

13. 學校集會對於心理衞生有何價值?

14. 學校應否有一叁年的工作表?

15. 教師對於妨碍她的工作但是不爲她所控制的限制與弃則,應採何種態度?

16. 靑年在他們學校工作中必須學習何種重要的選擇?

17. 個人對於自身有何了解,方可作爲職業指導的參考?

18. 學校如何刺激兒童欣賞:現代生活中的奇想與冒險?職業中的奇想與冒險?政治中的奇想與冒險?社會服務中的奇想與冒險?

19. 文學對於指導有何價値。

20. 學校中的課外工作，如何可發生一種指導功能？

第十四章 爲問題兒童所設置特殊心理的設施

即使有一個理想的學校組織，並有對於心理衞生教學法充分了解的教師，學校中仍不免有問題的兒童。這個原因一部份是因爲學校不能在一日二十四小時之內都能管理兒童。有些家長對於養育子女是合格的，有些家長是不合格的；因此有許多兒童將從不適當的家庭環境和不同情的父母敎養中受着許多妨害。還有，就是小心的教師也不能防止在教室的社會情境中產生不幸的態度和行爲模型。另一方面，有些學生在性情上和組織上常易產生變態的適應。每個學校都有表現初期變態的或有過失傾向的兒童。成人中有許多瘋人或罪犯都是經過公立學校的訓練；他們大概在年幼時都表現過初期的徵象；這些徵象乃是後來嚴重缺陷的開端。

這些都是指示，假如學校要適當地應付心理衞生問題，牠必須有適當的設備和人才來充分研究有問題的兒童，可以由此發現他們的變態行爲的原因，並建議適當的改正辦法。現在，學校中此種設備是非常的欠缺，沒有一個滿意的模範或標準可供進行此種工作的參考。或將現在所做最好的工作乃是兒童指導治療所，這種治療所是由心理衞生的社團、醫院和社會服務機關在學校之外設立，而爲學校學生服務的。這些在全國心理衞生委員會指導之下所組織的兒童指導治療所，已經做了很有成績的開創工作，並且發現了此類工作的價值。

在學校以內，許多應做的工作都是交到研究部。從歷史上看來，學校中心理上的工作多是與心理和學力測驗的設施合併研究設計。這種工作雖然是良好的，不免偏於一面；而且主持人常抱有一種狹窄的觀點，專致力於測驗的應用及其解釋。直到最近，精神治療術的設施和學校指導員才成爲學校工作中的一部。

但是時候已到，學校已經感覺到牠們有一種責任，要設立一種心理研究股來研究有問題的兒童。過去的經驗告訴我們，現在的教師既沒有受着相當的訓練，也沒有時間來做這件事情。第一，要適當地研究一個問題的兒童和追溯造成行爲模型的情境，需要適當的智識與技能，而爲一般教師在訓練或經驗中所無的。況且，教師沒有時間和精力來做此種耗時的工作，因爲牠包括測驗談話和家庭訪問，這些工作都是在教學以外的。因爲這些理由，問題兒童的研究必須作爲學校工作中一個特殊的部份，而不能作爲現在學校人員中一種另加的工作。

爲便利起見，問題兒童的研究可以分做三個重要方面：(1)測驗的處理與解釋——心理的與身體的(2)與學生談話(3)訪問家庭與家長談話。

關於向兒童施行心理測驗的辦法，通常有一種信仰，認爲團體測驗可與個人測驗同樣滿意地使用，並且能使主試人在短促的時間內可以測驗全班的學生，再者，客觀地測驗全班的學生以發現他們有無初期的問題傾向，因而可以從事補救亦是相宜的。這種測驗應該包括：(a)智力測驗，以決定一個學生普通智力水平線；(b)特殊的徵兆研究，以發現特殊的心向和能力；(c)興趣調查，以發現學生的興趣，特別是在幾件基本的事件上，這樣可以指導他在學校中關於學科的選擇；(d)適應調查，以決定他對於生活各方面的滿足或不滿足；(e)行爲記載和評價，由教師或學生記載，以發現學生表示不適應行爲的特性。在英文課中所作的自傳，也可從其中得着啓示的資料。將這些材料載在一張永久的紀錄表上，在問題未發生前就有許多張本可以了解學生；同時，在研究一個問題的兒童時，有了這些張本，也可對於他的行爲和人格有一個比較公平的估計。

第二種工作是與學生談話，明瞭他對於學校的反應，他每日生活的情況，他的伴侶，他對家庭中人的態度，以及其他類此的問題，可以藉此了解影響他的各種因素。測驗與會談的工作，應由一位心理學專家或心理指導員去實施。

第三方面的工作乃是訪問家庭的工作。訪問家庭的人需要特殊的訓練，必須由一位專門訪問家庭的教師去擔任；這位教師的專門職責就是常與家庭接觸。訪問教師應該去訪問學校認爲有問題學生的家庭，了解包圍兒童的家庭影響，並且應該設法影響兒童的父母，促成任何必須有的適應。普通講來，父母作兒童年幼時比較容易接受建議。當兒童達到青年時，父母的行爲模型已經是固定了，所以這時進行父母教育的工作感覺困難。父母教育應該也是訪問教師的一種工作，可用團體會談、會議、講演、小册子，或者甚至特別班或特別學程的方法去實施。

心理指導員所需要的訓練，根本上是與傳統的心理學的訓練不同的。今日在學校中所教授的心理學是一種良好的基本科學，但是牠不能包括心理指導員所應有的訓練或專業的觀點。教育學院中的測驗與測量學科也是有價值的，但是不應該作爲學校心理人員唯一的注意點。

心理指導員需要一些學科；能够使他了解精神生活之廣大活動的方面，準備他能够診斷地研究問題，並且指示他如何將教育的進程適應心理的健康。現在，研究精神治療術者和研究心理學者，究竟何人適於此種工作還是一個爭論的問題。精神治療術者以爲在困難中的個人研究，乃是屬於有醫學訓練人的工作，因此有醫學訓練的精神治療術者，乃是特殊地適宜於研究學校中有問題的兒童。從另一方面看，有人以爲學校中許多不良的適應多半是教育的問題，因爲這些問題多是一種學習的形式；因此最適宜於了解問題兒童的人乃是最能了解教育和學習過程的人。根據這種理由，他們主張學校指導員必須在教育學院受訓練，因爲他們根本上應該是教育者，並且應該澈底地了解學校的觀點和工作。但是這種訓練應該較普通心理學家所受的訓練廣闊，牠非但要包括心理學和智力測驗中的基本學程，而且也應該啓發一些關於醫學，精神治療術，心理分析，職業指導和父母教育對於個性適應貢獻的了解。在訓練中最要緊的工作，是使指導員認識和了解兒童普通的心理的機構，認清促進這些機構發展的背景因素的重要，以及了解與兒童健康和發展有關的基本科學。心理指導員的訓練應該包括至少兩年研究院的工作。

心理指導員應該明瞭不是所有的行爲問題都是根本上屬於學習的問題；有時，一種身體上和機能上的受損乃是困難的根基。心理指導員應該隨時準備去與有醫學訓練的精神治療術者，商量關於心理的訓練所不能了解其原因的某種問題。

討論和研究問題

1. 一般教師在設法全部了解一個兒童時，將感覺那幾種困難？
2. 在進行一個個案研究時，下列工作應該按照何種順序進行(1)訪問家庭(2)舉行一個智力測驗(3)調查學校記錄(4)與學生的教師談話(5)與學生會談(6)與兒童的父親會談(7)與兒童的朋友會談(8)與所有搜集張本的人員會商(9)與兒童的母親會談(10)進行一種健康調查。
3. 與家長會談是在家庭中好，還是在學校中好？
4. 一位學校心理學指導員宜有何種的訓練？

6. 你將如何區分一位精神治療術者和一位心理學者的工作?

第十五章　心理衛生的測驗工作

現在任何教師，能够得到關於任何學生的智力、興趣、行爲、適應和健康的正確知識。

我們不必再去考慮智力測驗的價值，因爲智力測驗已經經過了試驗，並且已經證明了牠的價值。雖然智力測驗實際上不能在所有的情境之下，正確地測量所有人的智力，但是牠對於學業確有相當的預測的價值。我們要明瞭一個學生的第一件事情就是他在智力測驗上能做什麽，因爲我們可在短時間內，從這個測驗中看出一個學生能在學校中做什麽，而爲其他方法所不能做到的。智力測驗也可有一個粗淺的預測的價值，使我們看出一個學生所能爲學校教育造就的範圍。

另有一種新的發展就是學生興趣的估計。爲了解一個學生的好惡取捨起見，興趣的了解較能力的了解尤覺重要。一個人對於各種工作，在能力上看來或者都能成功，但是他從他的工作中所得的滿足與快樂，一部份還是要看他的興趣而定。

興趣可以從直接詢問一個男孩或女孩歡喜不歡喜各種活動、職業，和各種的人的答覆中看出來和分析出來。比較正確一點，我們也可以從詢問對於各種活動的好惡中得着興趣的表現。例如，我們可以請學生從一張職業或活動表中指出他要列在第一第二或第三的活動。或者可將各種活動成組排列，而命學生選出每組中的一項，這些興趣的表現還可將牠分成特別的種類，而在每種中列出許多項目，用調查表的方式使他填寫，則可得到更正確的觀念。關於這些興趣的調查，白瑞納（Brainard, P. P.）、米勒（Miner, J. B.）、桑魁司（Sonquist, D. E.）和華村（Watson, G. B.）都做了許多研究，司唐恩（Strong, E. K. Jr.）對於這個問題還做了一種比較精細的研究。調查者利用興趣調查表來辨別在各業中的成功者。他用二十七種計算調查表的方法（一九三三年七月）來調查和決定一個兒童對於二十七種職業的相關選擇的趨勢。這種結果對於指導一個兒童選擇職業是很有幫助的。格來遜（Garretson, O. K.）用同樣的方法來決定一個兒童對於三種課程——文藝的、商業的和工藝的——選擇何種最爲適合。這個調查表對於中學生的課程指導是很有價值的。

一個學生的行爲對於他自身的了解也是很有關係。許多的行爲是與潛伏的人格趨向關聯。有些行爲不過是家庭中養成的習慣模型的結果。但是有許多關於退縮或引起注意的行爲趨向，乃是表示有多少重要性的人格上的不適應。大聲而言的、強暴的、在走廊中擾亂的或常在教室中講話的兒童，也許是對於某種缺陷或不得注意，不得承認，或不得愛護發生補償的作用。同樣地，沉靜的、怕羞的、憂悶的男孩或女孩，或許是用退避到內心幻想的方法來解決他的不滿足的關係。

行爲可用直接的觀察來診察，而此種觀察可用各種評量的方法來記錄和估定價值。學生的行爲常是由教師觀察的，所以許多學校在報告單上，預留評定品格特性的地位。雖然此種估計是一部份用作核對學習或品格特別的發展，但是他在指導方面頗有重要的功能。這種評量假如要有的話，應該比較平常要做得小心和有系統。作者以爲行爲的評量應該每年一次，（或者在開學幾個月以後）不必每次發報告單時都有。每年評量的行爲，應該講到兒童人格之比較深刻的表現方面，而不必注意學生在教室中所表現浮面的態度和性情。這種評量應該包括可以觀察的行爲特性，而不要講到隱匿的特性和性質。這種評量通常是由教師記出的，但是採用學生互相評量的方法亦可得到良好的效果。這種辦法很可增加評量的可靠性，有時並可補充教師的觀點。還有，與其評量每個兒童，不如評量對於行爲有特出的幾個兒童，比較容易和正確地達到目的。假使我們希望指導良好地實現，行爲的了解乃是必要的。

作者曾經根據哈塍湛 (Hartshorne, H.) 和梅氏 (May, M. A.) 二人所計劃的「猜猜看」的方法而計劃一張『說明紙。』學生可以利用此紙說明他們班中其他在行爲上有特異的學生。我曾經很有效地應用此紙以發現在行爲方面有內向或外向的學生；結果，我們在學期中及早看出將來對於他們的教師成爲問題的學生。

過去我們太注重學校的學科和成績，這是我們的錯誤。學校非但要負一部份責任，使得學生能發生滿意的生活適應，而且我們發現學校的成功，一部份是看學生的人格適應，這種適應乃是由外表的行爲

所表徵的，

還有一種了解學生的適應的方法，乃是直接詢問學生對於學校和家庭生活的反應。從前教師常不願詢問學生，他們歡喜學校、教師、功課和書本到何種程度。教師常是希望學生順服和忍耐，而認爲希望他們發表怎樣歡喜功課是多事的。而且，詢問有些過於密切的問題認爲是危險的，因爲這些問題也許可以顯示關於學校、課程或甚至教師自己的一些事情，因而有礙敬意。有些家長對於教師在教室中詢問兒童怎樣喜歡家庭的情境也表示憤懣。

我們習於爲答案而發問，所以不慣於將答覆的內容忽略而不加注意。我們詢問兒童關於學校和家庭的問題時，他們所講關於學校和家庭的內容乃是次要的，最重要的乃是可以由此看出兒童對於家庭和學校的態度。一個學生的反應是很足以啓示的。表示十分滿足的答覆顯示一種的適應；表示不滿和憤恨的答覆，顯示另一種完全不同的反應。

作者曾經蒐集一組問題，用來幫助顯示一個學生在學校與家庭中各方面的適應。這些問題是：

你現在學校中所讀的科目有不歡喜的麼？

你的老師是否都是有思想的和思慮周到的？

當你在班中背誦時或在做遊戲時，有無其他學生譏笑你？

你曾經覺得你要逃出家庭麼?

你曾經覺得要自由，以自行所是麼?

這些問題是與其他測驗一樣，按照牠們是否趨向或離開良好適應的方向而定分；結果也與其他測驗一樣地統計。高度分數代表良好的適應。

這個調查表，很可幫助研究者看出在學校中有無適應困難的學生；這些學生因在學校中或家庭中生活上發生某種刺激而使學校無法調整。

幾年以前，有幾位哥倫比亞大學師範院的研究生，曾經應用本調查表的一部來研究一個鄰近學校兒童對於課程的適應。這個研究，發現了這個學校課程中的弱點，和顯示了幾位教師不能在她們的教學中激起興趣與熱忱。而且還看出有一打左右的學生錯選了他們的學程。有些學生選擇預備大學的學程是要滿足他們父母的妄念，而實在他們並沒有能力也沒有興趣做這種工作。還有幾人選擇商業課程而討厭簿記、速記和例行工作；他們却喜歡用工具和機械工作。當然，我們應該先明了我們子女的人格，才可使他們決定關於他們整個生活的計劃。

梁思同(Thurstone)所編製的態度量表，可以用來作為測量中學生適應的簡易方法。對於「你今年一年的感想如何」的問題，曾經由中學學生中得到許多的回答。下面是幾個代表的說法：

「今年我在家中和校中都有一個良好的生活。」

「生活是太死板了。有時，我覺得我要逃開。」

「我的生活中所能說出的就是『公平』兩個字。」

這些回答都是很精細地評量，依次排列，從表現深刻的不愉快起到表現一種高度的愉快程度止。後來將許多回答任意排列印在一張表上。要測量兒童的適應，可請兒童讀完這張表上許多的回答，而鈎出與他們自身適合的一些意見。將這些鈎出的回答平均估計一下，即可得到關於這個兒童適應的正確測量。

這種量表可用來測量一校、一班或一位教師指導之下的學生的適應等。我們也可用這種量表來證實一些對於學校以內和以外的生活不滿足的學生。當然，我們必須事先承認學生所講關於他自己的事情都是可靠的。假如在嚴正的空氣中進行，並且獲得兒童的信任，良好的結果常是可以得到的。

最後，我們在審查學生人格時，不應該忽略健康或身體的檢查。分析身體狀況的結果常可幫助發現人格的現象。有時，我們只能從推想某種身體的特點中——體力與缺陷——來了解人格。有一個學生不願與他人混在一起，也不願參加運動與遊戲。後來，檢查這個學生身體的結果，發現他有疝氣病，以致影響他全部的人格。又有一個學生常在教室中表現神經病和常發脾氣。體格檢查發現他有慢性的過度疲勞，

由於睡眠過遲和不充足的休息。人格的診斷如沒有可靠醫生的健康檢查，不能算是完全的

指導的測驗，則好是由指導員或負指導工作之責的人員去主持。第一，這些測驗的處理常需要一種受過特殊訓練的人員所有的專門技能。例如，有些測驗需要精細的計時，有些測驗是很難計分的。有些測驗和調查表是可以很經濟地給在會場中或飯廳中的人受試；有些測驗是必須每次給予一人的。第二點，有些調查中的問答是應守秘密的，只有經過訓練的人方可給予適當的解釋。假如每個教師要負有指導的責任，則每個教師都可明瞭這個秘密的消息。在另一方面講，許多人已經開始感覺到指導這件事不是任何人都可以擔任的，而是需要特殊的訓練。第三點，為指導用的測驗，必須將牠們彼此相關地解釋。我們必須從整個的兒童來觀察，而不應將他看為某一科的學習者。因為這些理由，要將處理指導測驗的責任加之於指導專員的身上，似乎是相宜的。

還有，任何詳細計劃的測驗工作需要有一種永久的記績表紀載。有許多測驗的價值是喪失了，因為結果的重要性從未全部地看出。第一點，每個兒童每年由教師指導員和醫生所測驗的結果，必須併在一起才可得到一個兒童的整個景象。第二點，這些記錄表必須每年集積起來，才可表現發展的狀態。假如我們只由橫切面去看還是不够的，我們還需要縱面的發展記載。

以上各表所講的含意，乃是說明調查表和記載表都可用來診斷適應不良的兒童，學校工作有困難

的兒童，或行爲方面有特異的兒童。實在講來，研究個人的最大貢獻，是在發現有極大領袖能力的學生。有領袖能力學生的發現乃是科學方法貢獻於教育的最大工作。這些有能力的領袖應該發現出來，而需要設法滿足地發展他們的領袖能力，以達到充實的和有價值的方向。

自然地，在未用測驗方法選出領袖以前，我們應該先明瞭領袖的特點是什麼。幾年以前，常用智力測驗選擇領袖。當然，智力乃是一個領袖所必須有的特質。不過，有些被同伴選出的領袖並不常是而且不一定是智力很高的；有時他種社交的特質可使個人受人家的注意而受人家的擁戴。沒有高尙能力的人是不能成爲成功的領袖。但是智力並不是唯一的要素。有許多人有能力，但是缺乏領袖所需要的他種特質，有許多智力很高的人不能成功優良的教師，因爲他們缺乏領袖的其他資格。

作者發現上列的適應方法，如從他們的正面去看很可幫助選出學校中兒童的領袖。在高中一年級的二百四十三個學生中，有十七個人曾經擔任過領袖的工作，就是說，他們曾經爲班中服務或被選爲級長。這一組兒童的聰明書上所顯出的平均次數是正 13.2，而其餘二百二十六人聰明書上合共顯出的平均次數是負 1.8。這種特殊的計分方法有一種正確的功用，可以認明爲教師或學生所選出的負責的領袖。

現在所需要的乃是一種新的專家，他能夠認識和解釋領袖的徵象與特性正如一位精神治療術者能認識與解釋神經錯亂者的徵候與特性一樣。從社會福利的觀點看來，這種積極的診斷家是比較精神治療術者多有幾倍的價值。現在有許多人相信精神治療術者，因對於社會的罪惡有敏銳的了解而能有所貢獻；但是尙沒有人能够認識診斷家的社會價值，因爲他能指出我們學校兒童中有能力的領袖，並能介紹和鼓勵發展社會領袖的方法。

從訪問和研究學校領袖的經驗中，我們可以學習認識與解釋領袖能力的特性，正如精神治療術者學習認識神經錯亂者的特性一樣。例如，靑年的領袖常有一種堅定的意志。許多人曾經約略計算他們全部的中學歷程；有些人已經妥善地計劃了升入大學以及甚至計劃了專業研究的辦法。學校領袖中最重要的特性乃是高尙的志向和堅定的意志。他知道他往何處去以及如何去法，因此這種目標可以使他每日的活動有一定的方向，使他與其他的同學有所不同。這些以及其他的特點逐漸地使他們自己感覺到，同時也使他們的教師和同學認識；不過這種感覺和認識是渺茫的和隨意的。正如精神治療術者根據他的經驗，可以比較一般教師多能認識精神錯亂的徵候，所以診斷領袖的專家也能較早地、較確實地和較有眼光地診察領袖的能力。假如領袖能力是值得培養的，那些有領袖能力的人，當然是值得及早和確實地發現。

這種涉及領袖能力的討論可以證明人格研究的價值。在從前，學校是專爲服役個人的；現在我們感覺學校對於社會有一種大的責任。我們非但希望教育能對於犯罪的問題有些解決的方法；我們也希望教育能幫助解決工業和公民資格的問題。在這些範圍中，我們希望學校能做一些使學生吸收書中教材以外的工作。在發展診斷人格的方法與技能的進程中，教育是更加增進力量以養成適應社會責任的青年。

討論和研究問題

1. 一個學生的智商知識對於指導員有什麼價值？
2. 學生應否明瞭他自己的智商？
3. 應否告知父母他們子女的智商？
4. 一個學生的興趣的認識對於指導員有什麼價值？
5. 爲什麼有系統的調查學生的興趣，比較單純地問他什麼地方有興趣來得好？
6. 詢問一個學生，對於他的學校，他的教師或他的家庭滿意到如何程度，是否有危險？詢問這些問題是否有價值？
7. 在評論他人時，常有錯誤，這是什麼原因？
3. 學生應否令他們彼此評論？爲什麼？

9. 測驗和調查表有時較個人訪問爲宜，這是由於測驗和調查表有何價値？

10. 爲何有時須要合組地測驗學生而不必一人一次地舉行？

第十六章　訪問與個案研究

訪問可以視目的的不同分爲三種。

第一種是診斷式的訪問；牠的主要目的是在發現關於個人的事實——如他在家中和學校中的生活與情境。

第二種訪問可稱之爲治療式的訪問；牠的主要目的，並不是在發現關於個人的事實而是在設法影響他，使他可以改變態度與行爲。通常，診斷式的訪問與治療式的訪問是不分開的。得了事實以後，同時就發出忠告，所以這兩種訪問是不能區別的。在訪問時，許多人常願意在第一步尙未澈底了解情境以前就要發出忠告。他們得到了一二件事實以後，就開始宣講、建議和忠告。我們，必須在訪問時要注意求得事實，這一點是通常進行時最忽略的。

第三種訪問是研究式的訪問。在這種訪問中，訪問者並不注重個人的事實，而是注重個人所講出關於某種問題的意見。有時，訪問者常從許多人的談話中獲得關於某種問題的事實。恰脫斯(Charters, W. W.)曾經利用研究式的訪問來研究書記員的訓練。他訪問了許多成功的書記員，藉以發現他們有些什麼特點和做些什麼職務。他對於個人的本身並不注意，而是注意這些個人所給予他的研究的貢獻。

利用訪問來獲得特殊的意見，有些地方是與利用調查表相似的。訪問與調查表均各有利弊。調查表可使研究者在一次中間到許多個人的一些問題，因此應用調查表是經濟時間的。調查表還有一種利益，就是牠較爲標準化，可以暗示較少，而解釋答案的需要亦較少。訪問時，訪問者常可用他的語氣來影響學生的答案。例如校長說：『你是否每晚僅化去半小時自修？』學生要想得到校長的讚許，可以回答說：『我有時是化去半小時以上的。』從另一方面看，調查表是限於必須依照若干限定的問題回答。有時，調查表發了以後，調查者也許還不能得到他所需要知道的事實。訪問却比調查表多有伸縮性。聰明的訪問者常能在訪問中尋出綫索，而是在應用調查方法中所不能做到的。

我們再可將訪問分成二部，自動的與被動的。在自動的訪問中，個人到他的醫生或教師那裏去，這是出於他個人的自由意志；結果是少有阻制與抑制。在被動的訪問中，個人常是被訪問者叫去，如一個學生被他的校長叫去問話。這兩種情境在心理方面根本上是不同的，所以必須有不同的進行和解決辦法。在自動的訪問中，我們可以得到較大的和諧關係，發表較自由和較少的沈默與阻制；而在被動的訪問中，我們必須計劃打破阻力和獲得信任心的特殊方法。

一個成功的指導員必定是一個少有疑慮和成見的人，而且遇到學生的過失和弱點時也不驚慌和厭惡。真正成功的指導員是很少時表示詫異的，而是用鎮靜與自治來接受各種的事實。良好的指導員還要有一種特點就是熱忱。一個成功的醫生當有熱忱、懇摯和自信，才可產生信任與樂觀。你只要走到他的診所，就可得到鼓勵，因爲你看見了他，就可得到信心。當他與你握手時，他有一種熱忱的和堅定的握手，使你卽時感覺他乃是你所敬重和信任的人。能與學生混合在一起而且不是內向的教師，可以成爲良好的指導員。要成爲良好的指導員必須有較廣的經驗，經歷過兒童所遇到的一些經驗，做過錯事，受過困難，且能體念他人在同樣情境中所遭遇的困難。他必須是一個坦白的人而且是絕對地公正的。學生必須感覺，指導員所說的話是確實作數的；他並非玩弄手段或虛張聲勢而是真心誠意的。訪問者必須有相當的威嚴、沉默和禮儀，而且應該同情地與他人相遇，假如他人是在貧困的環境中，他必須在相等的水平綫上與他人相遇，而不可遠離他人而高傲。狄根斯（Dickens, C.）在他的小說中，描寫一個傲慢的慈善家到一個磚匠的家中去，用一種喊叫的和傲慢的聲音講話。最後，一點幽默的意識是絕對需要的。有時事件緊張，用一點幽默的才能將緊張事件放過去，乃是一個很好的妙法。

在訪問以先，訪問的人應有仔細的準備。訪問者對於被訪問者各方面的消息，事先應有充分的了解。特別地，假如被訪問的男生或女生是學校中發生問題的人，訪問者應該事先考察他的學校紀錄，而應對於他的出席、家庭住處、年齡、家長職業、家庭與學校通信等都有了解。在多半情境中，頂好先與他的教師商談一次，聽取她們對於他的意見；不過不是每次都要這樣做，因爲有時需要客觀地會見兒童而不必先爲教師的意見所偏袒。非先能明瞭學生特殊的成績也是很有幫助的。訪問者可用一張表請同級有關係的同學，在表上填寫該生在校內和校外的特性、努力或成績。填表時，可另附一張評語表供填表人的參考；這張評語表中可列出如下列的評語：『搜集了很多的郵票，』『能玩奏小四弦琴，』『衣服穿得清潔，』和『是和善的』等。這些評語可使學生感覺到我們非但關心他們在校中的學業，而且對於他們其他的長處也是很有興趣的。這樣，訪問者對於被訪問學生的成績已有相當的知識，且能在未遇見以前已有相當的了解。

訪問者對於訪問的時間和地點也要注意。限制訪問的時間是不妥當的。不要在一小時內計劃十二次的訪問，限制每次的訪問只有五分鐘的時間。不要在一個大家等候的辦公室裏會談，這可使被訪問的人知道後面還有人在等候。頂好在一間私人的辦公室裏會談，其中除了被訪問的學生以外別無他人。要給予被訪問的人一種印象，覺得會見的時間是不限制的。要設法除去急促的印象，訪問者也許只有十分鐘會談的時間，但是他可以造出一種印象，使雙方覺得這種會見可以視需要而延長很久時間。

關於訪問的地點，究竟是在學校中辦公室裏好還是在家庭環境中好，尚是一個問題。到學生家庭中訪問，訪問者對於學生的家庭背景，各種環境，和加於他身上的各種力量能有一種了解。在另一方面，家庭中是不適於秘密性的需要。母親常有兒童來打攪，或者要常到廚房中去看看，這樣談話常被打岔而不能集中討論一個問題。學校的辦公室乃是私人的，但是要被大半人認爲是一種人爲的和奇異的環境。在某種情境中他可使別人安逸；在他種情境中他可使別人不安。

現在我們所講的訪問似乎是屬於一種正式的手續。有時，我們可有非正式的訪問，如在學校走廊中或在街中散步均可隨時會談。在這些非正式的時間中，被訪問的學生，並不知道指導員是在利用這個機會與他會談某種問題，因此有些問題可在無意中提出。當然，在這些非正式的接觸中，訪問者不能有紀錄或「佈局」；但是這種非正式的接觸也可達到師生間個別商談的目的。

訪問的步驟也如一個故事或一本小說或一出戲劇一樣地有結構，而且也可如故事一樣地分析成爲幾個步驟。訪問大概包括引言、漸起的動作、頂點和結論。在任何訪問中，不能像在故事或戲劇中一樣容易分出各個步驟，因爲他們容易結合爲一；但是爲分析起見，可以將這四個步驟分開。

要使訪問正當地開始，引言是根本上不可少的。假如訪問者有一個學生到他的辦公室裏來，第一件事就是要使他感覺安逸。假如訪問者坐在椅子上，而使被訪問的學生很笨拙地站在他的桌子那邊，這是不行的。不要使學生處於防守的地位。訪問時的環境對於舒展個人很有幫助。談話的房間應是一個安適的地方，充滿友誼的空氣，使得被訪問的人多少感到一些舒適。供給一張安適的椅子，使得學生坐上去就能感到舒展。

假如訪問是自動的，訪問目的是不需要的；假如不是自動的，訪問者應即時公開坦白地說明目的。當他進來時，給他一個熱烈的握手，向他提到天氣，或學校中的比賽，或問他家中的情形，或問他去年畢業的哥哥現作何事，這些都足以消去進來的學生對於訪問所生緊張的感覺，而能在公同的興趣上產生友誼的關係，這樣在被動的訪問中所產生第一步的阻力就可消除了。

在訪問本身有兩個問題，專家對之有不同的見解。第一個問題，就是我們應否讓兒童自由說出他所要說的話，或者我們應該問他一定程序的問題。通常產生訪問原由的情境常可發展許多緊張的狀態。有經驗的訪問者常以先讓個人表明他的怨愁恨或懼怕的情緒爲佳；換句話說，讓他發洩胸中或有的悶氣。那時，初期的緊張就可消滅了。訪問者可以開始提出問題，藉以得到他所需要的了解。被訪問的個人在初期的緊張消除以後，就有較安靜的和較理性的狀態，可使訪問者得到較好的回答。

第二個意見不同的問題，乃是當前的問題應否即時提出，或者應否先要明瞭對於發生此事的背景。關於此點沒有一致的意見。有些人相信要即時提到當前的問題，再回到產生這個問題的情境，常可得到頂好的結果。另有些人相信先要了解個人的背景，而再相機地引到產生這個訪問的特殊問題上去，常可有較好的結果。或許在某種情境之下每種方法都是適當的；要看問題的性質以及個人本身情緒上的態度如何而定。

訪問不問久暫，總歸需要結束。有時，頂點業經達到，並使訪問者覺得對於情境殊有把握以及捉摸到重要的地方。有時，雖然訪問者已經試用各種方法想得到要點和說明情境的如何，但是事件的祕密仍舊是不能發現出來。

有些精神治療術者，相信訪問者在第一次很難成功地解決一個問題。他們相信第一次接觸時，有些情境可使事態不能全部地顯明；而且學生要回去想一想，下次來時，或可告知他的全部事實。訪問者假如在訪問終了時而沒有得到解決的辦法，不應感覺灰心，因爲在第一次訪問時多半是如此的。訪問者應該再與被訪問的人約定第二次的談話，希望時間的關係可以打破被訪問者的掩飾和抵抗。

無論如何，在訪問歷程中不要輕下斷語乃是智慧的。有些指導員爲要想了解兒童的問題，常要遽下斷語。訪問者有時或者讀了一本講到不良的視力或有聽力缺陷的書而常想到這些弱點；因之，有時在未確定充分的理由以前，就決定學生的困難一部份是在於這些弱點。不論訪問者對於困難之所在有多少的把握，他頂好是要小心，並且不輕下斷語，直到學生的生活和生活的情境徹底地明瞭以後。

在結束訪問時，頂好能使得學生願意再來，而能在將來再談他的問題。例如說，『我很歡喜這一次我們有機會談話，』或者『希望你將來再來談談，』這樣，可使下一次的訪問容易進行。

在每種訪問中，當訪問者獲得了需要的知識和確定了診斷以後，常盼望有一種忠告或建議的處理。

假如你到一位醫生的診所去，你希望在你離開以前，得到藥劑或忠告。醫生必須迅速地得到結論而開出一種藥方。在訪問的實際工作中，指導員在案件尚未徹底診斷以前，也應有所決定，以便暫時救濟這個問題。但是發出不成熟的忠告乃是不智的；好的忠告必是根基於詳細的考察的。有些人感覺在處理學生時必定要有果斷，才可保持威嚴；我們常是恐懼，假如我們不是積極的，或沒有若何建議，則兒童將要感覺指導者自己也是沒有把握的。這種懼怕大半是無根據的。立即的動行，在各種事件中並不都是最好的辦法。有時也許需要一天或一週以後，才可有所決定或建議，可使學生能有時間對他自己作可能的適應。我們不應感覺這個問題必須在短時間內完畢，因為實際上有許多個人的適應，需要長時期的考察，而且有時需要幾次地與兒童會談。

在訪問中，假如學生多有講話的機會，則需要比較長久的時間。指導員當然知道他要說些什麼，而且說話時也不浪費時間。但是讓學生說出他自己的觀念是比較有效的。這種方法很能幫助學生；却不能適合一種規定的時間。

還要注意的就是教師與學生之間的關係，不應是像告發者與被告者或是行政者（或教師）與學生一樣，有一種懷疑，認為教師或者教務主任或者校長是否是一種適當的訪問者，因為這種關係可使學生採取一種防護的態度。當然，這種權威與馴服的關係是不相宜的，或者是不需要的。但是既然有這種關係的存在，則學校中可有一位指導員或心理學家或顧問，他的功能乃是要與學生爲友和做他們的導師。學生開始即應認識指導員是他的朋友，是站在他一邊的了解他的觀點有別於敎師的、校長的和父母的觀點，他是與學生合作的，並且幫助學生解決困難的。

討論和研究問題

1. 用訪問法獲得關於學生的消息，較之用調査法有什麽利益？
2. 在訪問或指導的工作中，有什麽「人」的限制，可使有些人不適於此種工作？
3. 爲什麽在指導學生時，知道他的成功比較知道他的失敗尤爲重要？
4. 有無任何理由，可信校長和敎師因爲他們地位的關係，永遠不能成爲完全成功的指導員？
5. 有些什麽事實是男生或女生在訪問中所不願說出眞相的？
6. 有些什麽事實是父母在訪問中所不願說出眞相的？
7. 在分析一個學生的困難時，爲何注重現在的困難較注重過去衝突的起源較爲適宜？

第十七章　問題兒童的改正工作

有一種動人的假設，認爲習慣一經養成是永遠不能全部抹去的；而且認爲我們的印象是不會全部遺忘的。當然，我們知道遺忘這件事是有的；所以長久不用的習慣要逐漸全部消滅。但是經驗告訴我們，雖然學習消滅，再度地學習一些舊的習慣比較學習新的反應是快得多；因此我們相信舊習慣雖然有時是降到反應閾之下，而在神經系統中仍舊留下一個痕跡。這就是說，當我們有一種經驗時，我們的人格是自然地改變了。我們永不能成爲像我們在未有某種經驗以前一樣的個人。所以改正的工作不能認爲是打破舊的習慣，因爲這是不可能的。抹去一種習慣的唯一方法是讓牠因不用而喪失。因此改正的工作必須認爲是建設新的習慣和態度，作爲舊行爲模型的防禦；這樣可使新習慣在情境發生時，能克制舊一些的或比較不適宜的習慣。我們必須認爲改正的工作乃是建設足以克制舊習慣的新習慣。

正如在第十二章中已經說過，我們不能在徵象的基礎上來計劃改正的工作。除非我們能找出行爲的原因，而將這些原因改變，或將學生避開這些行爲的影響，我們是不能改變行爲的。例如，某一個兒童的行爲是由於過分地倚賴他的母親，則不論如何變換他的環境，如將他放在新教師和新同學的影響之下，鼓勵他參加課外的活動，以及其他方法，都是無用的；只要他母親每日的影響和權力是繼續存在，我們必須認識改正工作中有不可避免的事，假如有肺病徵象的某個人是住在潮溼的下層房間內，我們可以說他雖注重休養與食物，亦不能醫治，因爲他仍舊是住在不健全的環境中。我們相信除非病人是搬到較高和較乾燥的地方去休養，他是不能痊愈的。同樣地，我們不應希望在學校中所施行改正的工作有何結果，假如環境中的因素仍舊在鼓動或激動。無論何種設計改變行爲的改正工作，必須考慮那種行爲的因素方可有成。

對於改正問題兒童的工作有兩種方法可以應用。一種是改變環境，另一種乃是改組兒童本身的精神生活。在這兩種方法中，第一種是基本的，因爲從根本上講，我們所有的行爲都是對於環境刺激所發生此種或彼種的反應。有些學生需要改變他們學校的環境或者他們所讀的功課不是頂適合他們的，或者他們的教師是缺乏同情與了解，或者他們分組不適當，不能適合他們的能力，而需要升高或降低，方合他們的能力。有時，課外的社會接觸，在學校生活中或在校外生活中，如男女童子軍等，可以帶進新的因素，而能改正引起不平衡的傾向。有時，兒童的不良行爲應該由家庭負責。既然家庭是兒童的正當歸宿，則似不應建議將兒童離開家庭；但是在特殊的情境之下，也許兒童能在他處找到一個較好的家庭。既然父母是兒童環境的一部，則父母態度的改變有時或可成爲改正行爲的主要原素。有些家庭中，需要較嚴的監督；有些家庭中，需要相當的自由；都看情境的需要而定。

在另一種方法中，我們在個人身上施行一種改組和控制。有許多方法可以應用，如暗示、誘勸、心理分析和激勵。最普通的方法乃是每日親自的誘勸和暗示。教師可以暗示學生不要做某種事情，或棄絕不良影響的伴侶。實在，這種個別的暗示或誘勸方法最爲教師所多用，雖然結果是不一定的和不能預料的。在某種情境中，學生多少有些疑難時，或許願意接收勸告而預備遵從。在別種情境中，學生對於教師或朋友干預他們的事情將要忿恨，因此不願接受勸告。有時，勸告與建議不能顧到支配個人生活的各種力量，或不能認明學生所感覺的困難。結果，他們是無用的。還有，一個學生或許可以接受所給予他的勸告，但是他爲環境所迫不能實行。接受勸告是一事，而實行勸告又是一事。

在希望個人改變的各種嘗試中，有一種嘗試乃是使個人明瞭促成他的行爲的心理上的機構。例如，一個常歡喜侵略和威嚇他人的兒童，可使他認識他這種行爲是使得他人不滿意；並且表現他的自卑心理；或者一個吸烟的兒童，可使他感覺他這種行爲乃是對於某種困難情境的逃避，或者在班中擾亂秩序的學生，可使他明瞭他不過是用一種不良的方法以引起他人的注意；或者平時常有小疾的學生，可使他明瞭他是藉此避免責任，這種技術是嬰兒所用的。

假如指導員富有技能和耐心，他可用較巧妙的心理分析方法，使得學生能自由顯示他自己的抑鬱和潛伏的複雜觀念；因此可使他採取一種新的態度，這種態度可使他多與實際的情境調和。但是，在這種幫助學生改變他的心理行爲中常易發生一種危險，就是他易發生一種不健全的內省，時常想到他自己的困難和問題，這是一種不健全的心理態度。常態健全的個人常是注重他自己的目標——自身的優勝和勝利——以致他很少有時間想到他在人羣關係系統中的地位。使一個人常想到他自己缺乏良好的適應，是不易使他具有成功的適應。所以，改變兒童行爲的最好方法是在根本上改變他的環境，而不必試行改變他的精神生活，以爲如此他們能獲得所希求的控制。

有一件最完善的工作，可使學校用以改變兒童的態度和欣賞。許多學校，不知利用機會去刺激兒童發展有價値的設計活動和努力。學生不知道何種科目是有用處的，而教師也不將一學年的工作大綱指示學生。學校沒有將生活和活動中的奇事、冒險和祕密充分地指示學生。假如指導有方，差不多每種職業都能對靑年放一異彩和引吸靑年。例如，有一次，我知道一個學生，他的兩個叔父都是有名的外科醫生。他的家庭希望他也能學外科醫生。但是，他對於這種職業沒有興趣，一部份原因是他不明瞭外科醫生職業的奇想。現在世界上只有幾處人類沒有到過的地方，人類曾經到過兩極，曾經遊過最高的山，到過湖底。但是人的身體內部現在有些神祕的地方尙未探險過，而値得人們用心去學的。不但如此，就是對於恢復病人或跌壞手足者的機會也可訴之於富有同情心者的心靈。每個學校應該盡量發揮牠的工作，顯示日常生活和事業中的價値、意義與重要，當一個學生被發現在校中有不良的適應時，則需要一種澈底的環境改變，使得其他學生也能得着改進。假如一個學生在校中是發現選擇不正當的課程，或許其他學生也是編在不適當的班級內，而需要有良好組織的指導工作。假如一個學生發現有蛀齒時，或許其他學生也有蛀齒，而需要一種有系統的和澈底的牙齒檢查。所以不論某一個不適應的或有問題的兒童的需要是如何，在學校中或家庭中，或許需要一種澈底的改變以謀多數學生的福利。

最後，既然改正問題兒童的工作，是指着再造的意思和新的與優良習慣的養成，則此種工作必須是漸進的。習慣不是在瞬息之間所能養成的；反之，習慣的養成需要數日，數星期，甚至數月的工作；因此負責處理問題兒童的人們必須有深刻的忍耐心。有時，雖有一些兒童的態度是忽然改變，而用完全不同的觀點去評價，成爲一個新人。但是，這種忽然的改變，究竟不能在舊有的習慣上發生立刻的變化；雖然改變的態度常是建立在新的習慣模型上面，這些新的習慣模型，必須與他種習慣一樣地由練習和滿足中建立的。因此改正兒童工作的結果必須在相當時期後方能表現在應付困難的情境時，我們必須抱有久長的觀念。例如，我們比較一班兒童，不要將他們一星期前的行爲與一星期後的行爲比較，而應將他們一學年以前的行爲與一學年以後的行爲比較。假如教師是歡喜全班的兒童而引爲自豪的，她常能順意忽略一年中許多的煩惱情境，因爲這些不過是全部適應歷程中的一小部份。教師只能供給生長和學習的良好情境，而讓結果自然地發展。進步常是很慢地表現出來，而且要在長時期以後才能察覺；但是我們爲兒童所做同情的和堅定的工作所得到的滿足，乃是生活中最好的報酬。

改正兒童有問題的行爲傾向的步驟述要：

進一步研究個案　在改正行爲傾向的步驟中，第一步列出進一步的研究或許是令人灰心的；但是常時在學校已經完成了澈底的考查之後，還有一些問題是需要專家去解答的。因此，在許多研究改正個案的步驟中，將個案請專家進一步考查一次，乃是智慧的。平常進一步的研究是心理的考查，（包括應用智力測驗）精神治療的考查，神經的考查，腺部功能的特別考查，以及特殊感覺的考查。

改正身體上的缺陷　在實施改正工作中，兒童身體的情況總是要先期考慮的。假如兒童的健康是在常態之下，第一步改正的工作就是要恢復他的身體效能。要使身體的機構有滿意的適應，必須先使身體的機構有秩序地工作。指導員應該注意身體上的缺點是否改正，以及個人衛生的良好習慣，如食物、運動、休息、睡眠、新鮮空氣、正常的排泄習慣、牙齒的保護等是否遵守。在此處還要提出語言缺陷的改正，因爲語言的缺陷，在許多兒童中乃是一個很大的障礙，而且也是造成不良適應的原因。

從環境控制中指導　環境的改變，或許是改正步驟中必須考慮的第二個方法。不論何處，假如發現環境方面是有礙於良好的習慣、正常的適應和適宜的態度，則必須設法來改變環境。有時可將學生從某一個環境移到另一個環境。有時，不能移動學生，可將學生所在的環境予以改變。學生環境中最重要的部份就是家庭，所以學校有一種職責，應從父母教育的努力中來改正父母對於兒童的不良態度。

在此處不能將個別事件中所需要的環境改變有系統地列出來。與學校有關的環境改變，其中應以課程與分班的改變爲最重要。我們已經說過，有些學生可從改選科目中得着益處；因爲所改選的科目或許是多與他們的興趣融和，或者能供給他們成功的嘗試機會。在別種情形中，需要更調教師。有時，一個學生被編入不適當的級次中，常感覺工作太難或太容易，而需要調到較高或較低的級次或組別中以適應他的能力。

有時，更換一個學校也是與學生有益的。有些學生需要更換到一個城市學校的不同環境中；有些學生需要從公立學校更換到私立學校，或由私立學校更換到公立學校中。較大的學生，有時需要調到有特殊工作的學校去。

還有一種環境的控制乃是在校內需要較嚴密的視導。在讀書室、圖書館、遊戲場和飯廳中嚴密地去視導，很可激起良好的校風和使得學生發生較好的適應。

與教室工作多有關係的，是輔導自修和對於個別學生施行改正的工作。有時，學生不能在上課時得着他們所需要的幫助；這些學生可從良好的個別教學或輔導自修中得着所需要的幫助。但是在這種指導個別的工作中，應該注意指導兒童工作的方法，而不宜於幫助他們去做特殊的工作。

對於已經養成不良的工作習慣的學生，可於每日或每週中改正他們的工作一次。有時，在這些事上多與家庭發生聯絡更可得到幫助。有時，常將學生工作的情形報告家長也有良好的價值。

最後，邀請學生父母到學校來會談，或由訪問教師到學生家中去會談，可使學校與家庭間發生較好的關係，並能使家長多能明瞭學校是在做什麼和用些什麼方法去做；這樣，可使學生對於學校的工作也能發生較好的態度。

工作　有時，不能適應的兒童需要做些工作，使得他得到自信心，並使他覺得他在同伴中有一個地位。有許多機會可使學生在學校時間之外，如午後或星期六得到一部份的工作，如在商店或汽車間幫忙，照顧年幼兒童，做輕的家庭工作或者甚至在工廠中工作。在夏令暑假時更有良好的機會在介紹學生尋找局部工作時，我們要注意所找的工作不是全部的或太機械的，而且要有相當的教育價值。學生也不宜於做太多的工作，以致妨礙他們的健康或學業。

社交的經驗與娛樂　每個兒童需要一種正常的社交環境，可使他在其中遊戲並獲得需要的娛樂。學校應有一種職責供給社交活動的機會。在學校中，應有強有力的課外活動組織，如俱樂部、體育部，藉以供給娛樂和正常的社交生活。許多學校已經組織了俱樂部，提倡戲劇、體育、音樂、辯論、舞蹈及其他指導學生社交經驗與娛樂的人們，應該注意社會中社交活動的趨向而準備使學生參加。

教師的態度與了解 教師的態度乃是學生的心理健康中一個重要的原素。學校中心理學家應該幫助教師對於他們班中有問題的學生，保持一種同情的和了解的態度。教師需要學習讚美與鼓勵的技術，並且也要學習如何使學生負責，藉以養成學生滿意的生活適應。教師自身應該培養好的特性如同情、忍耐和堅定，可使他們多能了解兒童和兒童的問題。在應付一個問題兒童的需要時，教師應在適當時間給予讚美，但是這種讚美必須是誠意的。每個問題兒童需要一位能做他朋友的人；教師當然可以擔任此種工作。許多兒童不能得到適當的鼓勵和刺激；教師有時忽略暗示的機會，這種暗示可以引起兒童內心的壯志。教師應該特別努力供給許多工作，使得需要工作的兒童能藉此發展領袖的能力。有時，許多有問題的兒童多是沒有給予他們充分計劃工作的機會，而在問題兒童中計劃工作的機會乃是特別重要的。有時，每日或每週的報告是很有幫助的，因為這種報告非但可以校對兒童有無遵守諾言，而且也可以保持他與學校密切的聯絡。在教室中如有一種不良的風氣存在，則需要改變教學的方法。任何教師，假如希望問題兒童的改變，是不應該多去注意他的不良行為，而應將問兒童是不良的思想代以同情的了解。

家庭管理與訓練 最重要的還是家庭的管理與訓練。許多父母應該多多注意他們兒童的需要與興趣，有些家庭中宜有較嚴密的管理，要多監督他們閒暇的利用。有些家庭中，管理的方式或許是太嚴，因此父母們應該給予兒童多一些的自由，或者至少供給他們多有學習自治與負責的機會。

假如學生的過失是由家庭負責的，則這種家庭中需要擴張父母的了解、情愛、同情和仁愛。父母不應將一個兒童與他的兄弟或姊妹相比，因爲這種不適當的相比常是兒童發生問題趨向的根源。有些父母應該學習按照兒童的年齡待他們，而允許他們逐漸長成，不要一直按照在他們幼年時代對待的方法去對待他們。每個兒童在家需要有獨處的機會，而且應該有一角的地方來安置他的玩具和其他物品，而不致爲家庭中他人所移動。總之，父母應該允許兒童有隨從自身興趣的機會，並且多有機會以決定他自己的選擇。父母應該認識和按照兒童的能力來應付事實，並且根據他的能力管理及指導兒童的志願。父母對於兒童在校中的失敗不要過於苛責，也不必強使兒童做他們興趣和能力以外的工作。在另一方面，父母應該允許兒童根據他的志願停止學業，特別是在他對於別種工作發生興趣或才能時。在幫助兒童保持自尊時，父母對於兒童的衣着也要注意是否清潔和時式。

有時，問題兒童是由管理與訓育鬆懈的家庭出來。在這種家庭中，父母應該多注意兒童，並應多多監督兒童閒暇時間的利用，尤其是在夜晚時間。這種家庭需要計劃一種比較有規律的零用錢，但是不能太多，而且要指導兒童怎樣用錢。父母應該鼓勵兒童節儉而爲某種目標儲蓄。有許多研究證明父母多半給兒童過多的零用錢。

在另一方面，有些家庭是太嚴這種過於熱心的父母造成另一種的問題兒童。有些父母需要學習忽視小的事情。父母應使兒童感覺家庭是可以自由邀請朋友來遊戲和娛樂的地方。在這些家庭中，兒童應該得到相當的零用錢；雖然零用錢的數目是很少的，但是可使他覺得他自己可以自由地去使用他的零用錢。爲免除兒童發生欺騙的習慣，父母應允許兒童跳舞、看影戲，與遊伴一同出去；等到成人時，讓他們去嘗試與他們無害而可以滿足他們慾望的活動。

有時，家庭中不能產生需要的改變時，則可以改變家庭的環境；但是這可算是最後的一步，因爲沒有一種環境可以代替有情愛與安逸的家庭環境。有時，夏令營可以補救家庭的缺點。有時，令兒童到外婆或姑母處住一些時候也可得到幫助。最後一步，乃是令兒童離開家庭而到別處去寄養。

個人的指導　最後，改變個人對於生活上各種問題的態度，可由各種的勸告、說服或辯論中完成。許多心理學家很注重所謂心理治療術，就是變換個人心理上的水平線，而傾導他的生活到新的方向。更明確地講，教師能夠利用高尚的理想與志願來改變兒童的態度，並鼓勵他和刺激他從事有價值的活動。

第一種能夠改變態度的忠告乃是供給事實。許多學校已經設立了很好的指導機關，指導兒童關於教育上的、職業上的問題，以及供給關於健康、娛樂、兩性、用錢、和其他關於嗜好與標準問題的消息。這種消息可由正式組織的班級中或非正式組織的討論會中供給兒童。

教師有一種職責，要鼓勵學生發生新的興趣，嘗試新的消遣或運動，以及激起學生對於大學、假期、婚姻、旅行和其他事業的志願。每個成長的男女兒童需要關於他或她的問題的指導。兒童應該知道要從公正地應付問題，而在了解他們自己的可能性以後，依照他們自身的決斷力而行。這種態勢的忠告常是受兒童的歡迎的。

許多兒童成爲問題的兒童，因爲他們相信一種錯誤的推理而根據此種推理行動。下列幾種三段論法，是代表謬誤的推理所引起有問題的行爲：

我的父親在監獄中，他是一個壞人。
我必定是像我的父親。
所以我必定成爲壞人。

我的家中有瘋狂病。
瘋狂病是遺傳的。
所以我要變成瘋狂。

我是猶太人，我的老師是基督徒。
猶太人多不能爲基督徒所見容。
所以我在班中是很難及格的。

我的哥哥是一個聰明的、誠實的學生，並且在家庭中很有信任。
我不像我的哥哥；我是一個愚笨的人，在家中沒有信任。
所以我是要失敗的。

我的父親是一個粗心不可靠的人。
我的母親說我是像他。
所以我在校中如是粗心不可靠時，這是無辦法的，因爲我是恰像我的父親。

這些例子可以證明謬誤推理的不良影響。在這些三段論法中，第一個前提是小前提，而且在事實上是正確的。第二個前提是大前提，牠代表一個不正確的或謬誤的總括。兒子不一定是像父親，瘋狂不一定是遺傳的，種族的偏見不一定在各種情境中應用到各個人身上。因此結論是謬誤的。但是因爲人家相信牠，所以常是照著去做。有時，在研究學校中問題的兒童時，常可發現謬誤的信仰乃是問題的根源，產生有問題的行為。

最後，應該提到心理分析。心理分析是一種幫助個人發出抑壓的和潛伏的衝突，這種衝突足以產生不良的態度和行為。心理分析應用自由聯想和夢的解釋。心理分析常需要數星期的時間。每日由分析者與病人會見。在會見時，病人可以自由說出他任何方面的幻想；分析者根據病人潛伏的根源和複雜的觀念來解釋他的自由聯想。心理分析並不是可以輕易引用的名詞。牠是一種技能，是少數人所洞悉的。就是曾過未普的人也不能稱為心理分析家，除非他從公認有權威的心理分析家那裏學到這種技能。至於用了各種方法都不能改正的問題兒童，而且這種問題還有機能上的根源；則應送到有名的精神治療術家，心理衛生家，或心理分析家，以求進一步的診斷和治療。

討論和研究問題

1. 為什麼有效的改正工作必須先有一種澈底的個案研究？
2. 為什麼環境的改變乃是改造心理態度的基礎？
3. 為什麼用說服和其他類似的方法來影響兒童的嘗試，多半是失敗的？

4. 引申此句：『在幫助兒童改組他的心理模型時，有一種使他產生不健全的內省危險。』何時內省是不健全的？

5. 你曾知道有些兒童在某種特殊的事件中，受了激勵或恐懼以後，忽然改變新的態度或行爲的模型麼？這種忽然的改變，是否爲兒童改變他們行爲的通常方法？

6. 學校將如何改變父母的態度？列出許多學校可以影響家庭的方法。

第十八章　教師的適應

在討論學校兒童的心理衛生時，我們也要考慮教師的心理衛生。教師與學生在學校環境中是兩根人類關係的柱石。一部份學生發生適應問題是由於他每日在學校中與教師接觸，而教師本身發生了適應問題。因此學生的適應問題變成複雜；這時，兩個習慣緊張和激發不同的個性，必須相互地反應而學習彼此適應。每個教師可以發生與學生同樣繁雜的個人適應的問題。這些問題，一部份是由於教師在她自己的兒童時代，家庭生活，學校生活和求偶生活歷程中所產生的結果。要將這些因素和趨向類集在人格的項下，係可包括教師所遇見的特殊適應方式的性質與原因。所以討論教師所遇見的特殊適應的問題，他們解決這些問題的方法，以及這些方法對於他們所管理的兒童如何地反應乃是比較有價值的。

教師應該明瞭她們解決這些問題時將遇到特殊的困難和可能的錯誤。本章將討論幾種困難和適應方法。每位教師應該對於她自己適應的方式有所明瞭。聰明的教師應能觀察她自己的問題，以及她對付此種問題的方法而加以判斷。她要注意有無計劃的能力，平心靜氣地重新研究她自己問題的態度，決定一種堅定的和有理性的對付方法以及執行此種計劃的能力。

視導員非但應該考慮教師在教室中的技能，而且也要明瞭教師的問題以及教師適應她的工作的努力。視導員幫助教師改進的最大任務之一，乃是根據她的適應問題說明她的行為，而能了解她對於生活中各種問題所給予適應的行為模型。

或許教師所需要最普通的適應就是對於她的教學技能缺乏的補救。這種教學技能的缺乏是由於準備的不充分，經驗的缺乏，或是對於兒童了解的困難。此處不必列舉教學過程中各種錯誤的方式。將牠們歸併在教學的不適當大項目之下已够說明一切了。這些缺點有時常易為教師所認識的；教師所用以對付的方法有時也是不知不覺的。教師要改正這些教學上的缺點，必須認牠們是解決的問題或改正的習慣，而代以更適當的技能。聰明的教師能研究她自己的錯誤，計劃下次更有效地應付同樣的問題，以及時常用新的和較好的方法來做她的工作。

教師所用以對付教學上缺陷的方法，多半可歸併在補償的項目之下。教師可用各種方法來補償她在教學中的錯誤和缺點，如辯護法、替代法和轉移法等。一種方法是威嚇，專權——對於全級採取一種嚴肅的、粗暴的態度。有些教師採取一種嚴厲的態度作為訓育的唯一方法。有些教師是非常嚴格，禁止學生耳語，甚至不准學生轉頭。過於嚴格的教師，如不准班中有細微的擾亂，和嚴重地處罰破壞規章的學生，或者是利用這些技術來掩飾她在教學中異的缺陷，或者她是難與兒童合作和保持與兒童的友誼關係。教師採取一種嚴厲的聲調，對於稍犯規則的兒童惡聲訓誡，對於犯小過的兒童施以處罰；這些都是一種保護她自己的手段，免得別人批評她的缺陷。任何教師，假如有一種『國王不會做錯事』的態度，或是嚴厲，或是專權，都可疑心她利用此種態度作爲保護自身的方法。

補償作用也可採取譏諷的形式；這種技術也是用以對付無抵抗的兒童的。有許多教師自身缺乏控制的能力，乃用譏諷的語句來控制全班；並且對於她所懼怕搗亂的學生施以刺傷感情的諷語。

前節已經講到教師利用威嚇作爲一種保護的方法。我曾經看見一位教師利用威嚇的方法來訓練他手下的學生；她常是揀出班中最小的學生，用惡聲厲色，和恐嚇的態度來對付他們；而於較大的或者事實上較頑皮的學生，則反不去注意。

還有一種保持自己地位和保護自身的弱點的方法，乃是保持一種『常是對的』態度。這種態度常是爲自身對於功課未有充分準備的教師所採取，她們恐怕班中兒童在功課中某點上要向她們詢問，而她們深知對於功課所提出的問題無法答覆。這種教師因之在各種問題上保持一種積極的、有權威的地位。她要使學生知道她是無所不知的；這樣可以掩飾她在某種事件中眞正的無知。

最後，對於顯明缺點的補償可以採取一種吹毛求疵的態度。教師將樹立一種絕對的工作標準，不肯接收有些微缺點的工作，對於兒童的很小過失就要批評，甚至在標點或文法中，如此可以掩住她的眞正弱點。這些教師常用批評兒童和他們工作的方法來保持她們的地位；這樣她們就不能給予全班學生所需要的讚美和鼓勵。

還有一種不同的補償就是代替的或逃避的反應；教師利用此種反應，避免她所遭遇困難的實際情境。例如，教師利用此種補償的技術以諂媚班中的學生，或是對於班中一部的學生表示特別的好感，或是對於男生或女生特別要好。有一位教師因爲得不到同儕的歡心，乃進而向他班中的學生特別表示好感。這種教師假如是女教師，在下課時或許有一羣男生圍在她的桌旁向她談話；假如是男教師，或許與一羣女生在走廊中談話，由此以引起其他教師的注意。這種對於異性學生注意的教師，可以表示他們是在用此方法以得到他們在別處所不能得到的滿足。

在此種同類的技術中，就是常爲學生所看輕的教師的偏愛和不公。一位教師假如沒有其他的方法以保持她的地位，就進而向某幾個學生表示特別的好感。有時，教師希望從班中全體得到同情欽仰和羨慕，常不容易達到，因爲教師有些特點是爲班中所不歡迎的。她於是向某幾個學生表示好感以得到希望的注意和羨慕。這種情形常使教師不能一律公正地對付兒童。她將對於一部份工作好、或面貌好或家庭好的學生設法優待；而對於工作欠佳、面貌或家庭欠好的學生不能同樣地注意和優待。

還有一種常用的方法乃是對於工作過分地注意秩序。有一位教師化去很多的時間做報告的工作，保存許多關於學生工作和他們的成績的記載，而且歡喜對於每種工作都要加以記分。還有一位教師必須班小學生保持絕對的秩序。每件東西必須有一定的地位，而且必須常保持原來的地位。教師可採取此種注意秩序的態度來補償缺陷的感覺。這些教師非但自身是注意秩序的，而且要堅持學生對於他們的工作，保管材料，和遵守教師的規則，也要同樣地注意秩序。相當限度的秩序是需要的，但是過分地注意秩序甚至達到病態的範圍時，即可成爲有神經病傾向的表徵。

另有一種隱藏自身缺陷的方法，就是在上課時談論自身的經驗。有些教師常用贅言來掩飾他們的愚昧。他們利用閒談作爲一種託辭，以避免顯出對於功課中某種問題的無知，例如有一位被人認爲是安所的教師，常在教室中談論一些無關緊要的事情，以及常提起他自己或他的事業；原來這位教師曾任過州政府地質學家，因爲不稱職而被辭退，後來才選擇教師的職業。有時，兒童認識教師此種弱點，但是爲避免干犯教師起見，常在正課時有意地將教師引到邊際的問題上去，這樣可以聽教師長談他自己的經驗。還有教師所用一種類似的方法以逃避現實的工作乃是設法消磨時間。有時，他感覺沒有準備，或者所準備的材料不能延長到全課的時間，如是他乃設法談到別的問題，提出小的事件，以及討論與課文少有關係的小點；這樣他可以逃避功課中現實的困難。

神經緊張是許多教師的一種特性；這種特性對於兒童是有不良影響的。有許多漫畫家常將教師畫成一個緊張的個性，隨時可以容易激怒的。教師神經緊張有許多理由。管理三十或四十個活潑的和有力的兒童，乃是一種需要多量堅忍性的工作，這是不可否認的。所以除非個人有特殊的手腕和技能，他一定要感覺到相當的緊張和壓力。有許多教師神經緊張是由於他們的願望和希求未滿足，這也許是真實的。有些教師是單身的女子；一種未滿足的性生活或許使她緊張。神經緊張的教師對於班中秩序擾亂的感覺是特別靈敏的。例如，有一位教師對於兒童的咳嗽是非常煩惱的；她將要停止她的任何工作，除非那個兒童停止了咳嗽。神經緊張的態度是可以傳染的。兒童因爲與教師日日接觸也可採取教師的態度；所以有了神經緊張的教師，兒童也有神經緊張的行爲，對於班中不快樂的事件也有特殊的感覺。

一個神經緊張的教師應該研究她自己的情境，坦白地應付事實，並且設法了解她此種情況之潛伏的原因。何處可以避免神經的緊張，即應設法避免。控制她生活的情境或改變生活的方法，也許可以幫助減輕緊張的程度，而免去學生受着妨礙。有時，可以去看醫生，更可有助。

教師常用的他種技術就是回歸到兒童氣的或嬰兒的行爲。妒忌雖然不是教師所特有的，但是可以妨礙教師工作的效率。例如，有一位教師對於另一位薪水較高，或職位較好或教室較好的教師發生妒忌，這種在校中的妒忌心，可使教師對於教室教學工作以外的事務不肯努力；因爲她恐怕她是多做了工作。妒忌常態影響常態的適應；她可使個人不願用熱忱去努力工作，而使個人懷疑、躊躇和阻止。

還有一種與回歸相似的技術就是發脾氣或近於發脾氣。教師常爲教室中情境的不斷緊張而致精疲力盡；有時教師因此發怒，如掌擊學生，拉學生頭髮，嚴重處罰，叫喊，以及其他離正軌的行爲。在這種情形之下，教師是有病態的證據。這種情形或者也有生理上的根據；教師常用此種反應以對付煩擾，也許是由於疲勞或腺方面的不平衡。從另一方面看，這也許是教師對於情境的一種反應，這種反應是她最後的手段用來控制班中的情境。但是這種反應可以證明教師未能了解兒童和同情兒童，因此她乃採用情感的和緊急的控制方法。

同樣地，教師將用表示憤激的和傷害情感的方法來顯示回蹄的行爲。教師可以向她的全班說：「我從沒有想到你們會對我如此，」這樣她可以訴之兒童的同情心和道德心，作爲一種控制的方法。但是有時教師會因爲視導員或家長的批評而表示憤激與惱怒。這種不合理性的和情緒上的回蹄行爲，可以延持到幾小時或數日之久。在這些時間中，教師將拒絕與任何人友善，對兒童講話也是採用一種很疏遠的態度。

教師所表現各種同樣情緒上的擾亂，都足以顯示教師在教學時對於應付困難情境方法的錯誤。教師不去了解兒童的行爲，尋找行爲的原因，和用理性的方法來應付情境；而卻常用強迫緊急的和有傷情緒的方法。這些方法對於教師代表一種失敗；除非教師能夠駕馭自己和用客觀的方法來解決她的問題，她多半是要失敗的。

還有許多行爲的型式，不過是工作上不良的習慣。這些不良的習慣乃是顯示不良的生活適應。這些不良的適應，因爲是個人每日適應環境的方法，所以後來成爲人格的一部份。例如，有一位教師缺乏工作的興趣；因此她的數學成爲極刻板的工作。準備第二天的教材也是隨便進行的，批閱學生的課卷常是延遲，有時且完全省去。這種教師很少去尋找參考的教材；因此她上課時必須緊緊地靠着教課書。做教師的必須對於教師的職業有一種愛好，這種愛好應是永久的而不是暫時的；否則她還是不做的好。教師的職業對於任何教師應能供給無限的生長和擴展的機會。與生長的兒童共同生活和指導他們的工作，這個問題是永遠不能全部地解決的，所以教師可以繼續地在技能與技術方面生長。

還有一些教師取一種隨便的態度。這種教師是任便兒童願意做什麼。假如兒童要努力工作，她也不去積極地鼓勵他們。假如他們不迅速地開始工作，或者他們在上課時玩弄其他的物件，她也聽便他們。她也准許兒童中斷教室中的工作，因此兒童可用任何課外的興趣，以引去教師的注意。

有些教師還有一種不良的習慣，就是給予兒童的幫助太多。這種教師實際上是阻止學生學習，因爲每件事情都由教師代做了。任何例子需要說明時，教師代之說明。一個學生在開始說明一個問題時或許將要遲疑或發生錯誤。這時，教師將立即在學生做錯的地方說給他聽，並將代他做好。她顯然是對於解決問題和完成工作發生興趣，而不注意於如何指導學生自動解決他們的問題。

還有一種相反的習慣，就是有些教師在學生確實需要幫助時而却不予充分的幫助。當一個學生確實遇到顯然的困難時，教師將對她的屑誹謗學生的能力，複述同樣的問題——其實並未幫助兒童切實地去解決他們的問題。良好的教師必須有一種平衡；一方面給予兒童所應有適當限度的幫助，他方面並不奪去兒童學習的機會。强使兒童與困難的問題無益地奮鬥是不值得的。在容易的和順利的條件下學習乃是最好的學習。在每階段學習的工作中，兒童需要教師指導他們必需的步驟。遲鈍的兒童尤其需要教師指示他們工作中的步驟，並需要教師將工作中的線索指示給他們，可使他們將來在同樣情境中認識如何着手解決問題。

教師還有一種不良的習慣就是前後不一致。無定見的教師常要產生困難的訓練上的問題，而且這種態度常能影響學生，使學生在幾年以後都不能改好。例如，一位教師某日對於全班的學生很是友愛，允許全班的學生可以非正式的談笑。第二日，這位教師忽然變成嚴厲，不准班中有任何輕浮的行爲。而對於不守秩序的兒童處以嚴重的處罰。還有一位教師平時對於學生很嚴，常用諷刺的話來鞭打學生；但是看見參觀人來時，却變成很慈愛親善的樣子。兒童有時可從教師由嚴厲的態度變到和善的態度中，因而推測參觀的人來了。還有一位教師平常時吸香煙，因此他常要離開教室到外面去吸煙。假如他回教室時看見班中的秩序不好，他就要嚴厲地責備全班。這種前後不一致的態度，如在數分鐘前可以允許自由地談亂，數分鐘後，卻要嚴責擾亂的行爲，可使學生產生一種緊張和激動的狀態，尤其是他們不知道爲何有此種態度的改變。我們可以說，教師前後不一致的行爲可使全班發生神經緊張的狀態。

還有其他諸如此類的技術，是爲教師所用而不易於歸類的普通一種反應的形式乃是抑制。有些教師因爲兒童犯了他們所認爲重大的非過，很容易感覺震驚。這種教師平時是多疑的，他們常因細事或根據不充足的證據而譴責兒童。男女學生在集會中擠在一起常被視爲有性的行爲。這種教師常是注意性的干犯，他們常是最初發現學生在牆上寫出猥褻的字句或懷疑學生損壞公物，偷竊及做其他不良的行爲。他們特別地不諒解現代吸烟、喝酒，和在外面遊玩而沒有人監護的女子。還種「老太婆」的態度，差不多在每位教師中代表一種抑制的形式。這種態度在心理分析的書籍中常認爲是一種願望，這種願望是爲個人所有的，但是因爲社會關係，父母影響及其他原因的壓迫而不能表出，於是在懷疑他人的事件上乘機出現。凡是容易因他人受驚的人，可疑他自身是多有某種根深而不能實現的願望。

最後，教師還有許多個人的特性也足以影響他們事業的成功。在教師的許多特性中，聲調佔着一個重要的和顯明的地位。根本講來，聲調並不是教師的技能和設備中一個重要的部份；但是一種不好聽的或軟弱的聲調，很可以阻礙教師成功的事業。有時，教師失敗，因爲她的聲調太弱了，以致學生聽不清楚她的話，而她也不能用她的聲調來控制學生的注意。另一方面，有些教師的聲調是如粗造的昆蟲聲，聽上去

非常刺耳

還有，教師可有某種習慣使得學生煩惱的。有一次，請一班學生說明他們對於教師的反應，他們幾乎全體一致報告他們的教師在上課時常撥弄她的鼻子；這種行爲是使他們不高興的。

以上所敍述的都是講到教師的行爲和人格的不良方面。在本書中，其他各處曾經詳細地討論到成功的教師所應有的各種態度。一個成功的教師是採取思考的和同情的態度去進行她的工作；她是寬容的、公平的，和前後一致的；她將情境當作待解決的問題去應付，而並非看作即時必需處理的情境。聰明的教師常是用讚美與鼓勵的方法以引出班中的優點，常與兒童確定有價值的目標和標準，並且常盼望學生用誠實的努力去達到這些標準。成功的教師並不因兒童的不小心、不安靜和頑皮而煩惱，而却在生活中去適應兒童的興趣與觀點。這種教師是很虛誠地和樂意地從事她的工作，並非是完全爲滿足她自己的需要，而是在盡一份力量指導兒童發展的工作。

同樣地，教學視導員應該也是一個教師視導員，因爲我們不能將教學的技能與實施教學的教師的人格和行爲型式分開。幫助他人用較聰明的方法去應付他們的情境，是很難的一件工作，而且是間接的。一個成功的視導員是能幫助教師分析他們所遇見的困難情境，而且能够指示研究兒童的方法和學習如何了解行爲徵象的意義。我們不能希望許多教師能用她們自身的努力來減除應付問題的許多不良的方法；他們需要建議和幫助的分析，以資改進。任何人不能成爲一個良好的視導員，除非他能分析教室中的情境比較教師分析得好。

討論和研究問題

1. 視導員如何可以幫助教師對於她的工作有較好的適應？
2. 教師如何可以知道，她所用的適應中，何種特殊的適應是有礙她的工作和成功？
3. 假如教師自己認識了她的教學技能中某種的缺點，如指定過多的自習工作，不能得到全班的合作，或遭受某幾個特殊學生的仇視，她應如何進行改正她的錯誤？
4. 教師的何種特質是學生所最欽佩的？
5. 過分的情緒如何能阻礙一個教師？
6. 許多教師是憤恨批評的，但是只有使教師明曉她們自身的短處和缺陷才可改進。你有什麽建議可使教師對於她自身的適應，採取一種較客觀的態度？

第十九章　學校中心理衛生的組織

最後，讓我們來看看學校中心理衛生的工作將如何組織。第一點，我們要認清心理衛生是與全部的學校工作發生關係，所以要在學校中單獨地設立心理衛生這一部，或有一種正式的心理衛生的組織是不適當的。心理衛生的原則應該滲入教室中的工作，課程的組織，學生的編級，以及課外活動的設立。假使學校中的心理衛生工作需要單獨存在的話，這種存在是要與問題兒童的研究有關的同時還要特別提出的，就是這種存在，不應成爲學校中心理衛生工作的中心，因爲牠是代表心理衛生的消極方面，而非積極方面的工作。

問題兒童的研究應該成爲學校指導部工作的一部，這種指導部是由一位有特別訓練的心理指導員所主持的。這種指導工作究應成爲城市教育制度中的一部，或應附屬於個別的學校，還是一個問題。現在多數人認爲心理指導員和訪問教師如能成爲學校教職員的一部份，則學校中心理衛生工作的設施，當能比較他們視需要分赴各校時多有完整的特性。在規模大的小學校中，學生人數有一千二百人至一千五百人時，應該至少有一位心理指導員；中學有五六百學生時，亦應有一位心理指導員。教室中的教師對於問題兒童的適應當然有所貢獻；指導員的計劃和建議能否實行，就要看執行的教師是否對此有與趣和是否負責進行。在此種意義中，指導員主要的任務是視導和組織教師的指導工作，特別注重問題兒童的研究。

訪問教師可用接近家庭與學校的方法來直接地促成許多良好的適應。但是檢視問題的全部却應該是指導員的責任。

有行政責任的職員和教師也需要施行心理衛生的工作。教務主任或副校長應該負訓育事項的責任。指導員的工作是在研究個案，計劃工作程序，和給予忠告；而實際上施行建議的責任却屬於行政人員。教務主任或副校長應該主理學校中社交的生活。有一種特別訓練的教師，可以擔任小學補習班教學或擔任中學中自修指導的工作。對於職業指導消息的供給和對於新價值與新事業概念的培養，也應有適當的辦法。假如指導員能有餘暇，他可兼任此種工作的一部，但是頂好是由一位職業指導的教師主持。

在一個大城市中，可有一個集中的診療所，醫治許多有困難問題的兒童。在這個診療所中，應有一位精神治療術者；他能診治機能方面有問題或心理與神經方面有問題的兒童。

這種研究問題兒童的組織應該適應環境中特殊的需要。雖然應有相當的例行工作，但是這種工作不應過於機械化，而應保持相當的彈性和新的觀點，以便適應個別的需要。最後，整個的學校應為兒童的福利合作，現代的教育應着重於發展和保全每個兒童心理上的完整與健康。

討論和研究問題

1. 討論對於初中學生教學心理衛生原理的問題。對於高中學生，對於大學學生有無危險？你覺得對於心理衛生原理的了解對你有何價值？

2. 列出訓練一個學校心理指導員的工作綱要？

3. 教室中的教師對於學校心理衛生的工作有何責任？

4. 討論心理指導員如何能成爲教師的視導者？

第二十章　個案研究選例

本章敍述六個初中和高中學生的個案研究。通常所敍述的個案研究，多是代表某種型式的。但是著者的見解，以爲人們不一定是可以分成某種型式的，而且形成人格因素的組合是無數量的。本章中所報告的學生都足以代表在學校中發生問題的學生；類似此種的學生在學校中是常可發見的。

假如要試行分類的話，則可應用環境的差別來分。本章所舉的例子中，智力高的和低的兒童均有。多數的學生都是對於教室工作發生問題；只有一個饑餓的女孩子是有良好的學業成績。這幾個個案例子，是說明嚴格和鬆懈的家庭管理對於兒童的影響。有一個例子是說明一個有外國父母的兒童所遭遇的困難。兩個例子是說明家庭中對於兒童不良對比的結果。兩個例子是說明隨便的和污穢的家庭的影響。一個例子是說明一個兒童因爲破相所遭遇的困難。這些例子都不過是代表性質。但是在這些例子中，只有一個例子中所建議的改進方法能夠得知結果；其他五個例子中所建議的改進方法都未能得知結果。

這些個案研究都是由沒有充分研究經驗的校長或教師所做的。所以這些研究是任何教師所能做到的。在這些研究中，有許多地方是不完全的。因爲這些研究並不是由某一人專門去做的，而且也不是在標準的情境之下進行；所以其中不免還有缺少充分證據以及不一貫的地方。通常一位心理學家所做的個案研究，包括許多關於客觀的測驗、調查，和計分表的材料。在這些個案研究中所用以求出智商的智力測驗是有多種，因此比較時頗感困難。

很少的學校能有適當的體格或醫生的檢查辦法，所以在這些個案研究中對於體格方面的診斷頗有許多弱點。研究者多半是依賴學生或家長個人的說明，或由醫生處所得來要的消息。

每個研究中最後的一段是對於本研究所下的一種簡明的解釋。我們可在這些研究中看出報告材料的限制；有時用作解釋根據的張本尚感缺乏。在每個研究中曾經努力說明驅迫力所受的阻礙，並且說明兒童因為驅迫力受了阻礙所用以作為發展補償的機構或方法的反應。

第一例：

學生——張童

年齡——十六歲

年級——高中二年級

智力測驗分數——在俄梯斯(Otis Self-Administering Test of Mental Ability)智力測驗上得智商 124

學業成績：

英文　不及格　　歷史　不及格

法文	中	數學	不及格
中級代數	上	物理	不及格

學校報告：調查去年曾任級長，並任服務團團員和學生會會員；他是級訓導辦公室的學生助理員。他的教師報告他在讀書時常是幻想，常與年齡較小的兒童遊玩而在其中專橫，而且他是不誠實的。他常在體育課時遲到，而且常常逃課，冒簽他父親的名字請假。有一次教師叫他送一份考卷回去給他的父親看，而他第二日卻冒簽他父親的名字將考卷帶回。他已經被發現好幾次說謊，所以教過他的一位教師說：「他似乎是覺得他所做的任何事都是錯誤的，而他總想在報告中得着一個好評。假如他由牆頭上爬進一個公園去而不是從大門進去的，他卻要報告他是從大門進出的。」

家庭 他的父親是一位新教徒的牧師。他的母親在未結婚之前是一位教師，他有三個異母姊姊，都是大學畢業的，其中一個還有音樂的學位。兩個姊姊已經做了教師，而另一個姊姊做了有訓練的看護婦。她們三人都結婚了。他也有一個親姊姊在十四歲半時就中學畢業，十七歲半在大學三年級時卻與人私奔結婚了。

外貌 他是一個中等身材的男孩。他的皮膚是光潤的，有時是現淡黃的面色。他的頭髮是好的，他的足拱已經變平了。他在外觀方面是不清潔的，雖然他在年幼時每天洗澡後總有一套新衣穿上。

身體狀況與健康習慣　他在幼年時曾患過腮腺炎、痧子、百日咳和白喉。他曾經割過扁桃腺。在十二歲時，他曾經患過慢性的腸胃病，常有數日的嘔吐。他在十三歲時曾經割過盲腸炎，自從那時以後，他就不嘔吐了。他的鼻房有毛病，不能在灰塵的空氣中久留。他的家庭中有正常的餐食，兒童共同參加，他是很歡喜糕餅和糖果。他每日飲一夸脫牛奶而且常常飲茶，他不吸煙。

與該生會談　陂齊在幼年時是由母親教導的，直到六歲時，才進入學校三年級。他有一個印象，就是他覺得他是家庭中不良的份子；他的家庭使他相信他所做的一切都是錯誤的。他說他的失敗是由於他要使人家知道他並不是教師寵愛的，因為有幾個同學是這樣地誣告他。他承認他並未努力讀書，並且調過許多學校。他對於他的失敗很感懊喪。在他的學校歷程中，他有一次想去學海軍航空，但是他的父母都不贊成他這種計劃。後來，他家中一位朋友鼓勵他學醫；他最近計劃到約翰霍布金斯大學去。他平時每日在雜貨店中工作三小時，星期六工作八小時為店中送信。他現在有一百五十元，他預備積留此款作升入大學校用。他每星期常可得三元的小費。他將此小費作為零用錢。

他有一時歡喜研究機械。他在九歲時，曾將他母親的福特車折散，將機器內部清理乾淨，然後上好。那時，他是很小，所以他要橫臥在車子上做此種工作。但是他的自然科學成績却是很劣。他不願意依照實驗的方法去實驗，而喜歡玩弄儀器，想由此看看有何結果。他能吹號，能奏鋼琴。他對於美術頗有興趣，漆墨圖者，裝飾和他人美麗的衣服。他是很容易得人歡喜的，但是他却說自己很笨，因爲他不能跳舞。他每星期至少看一次影戲。

他有時在星期日去做禮拜，有時却與其他的兒童到公園去遊玩。在星期三晚上，他參加童子軍軍樂隊的練習。有一次，他曾爲校中乙組音樂隊的隊員。他歡喜田徑和游泳。在夏季時，他曾隨同他的母親和哥哥到南方去旅行；他是非常地欣賞此種旅行，因爲在旅行時，他們常過農村的生活，而他亦可參加許多農村的工作。

與他的姑母會談　張童是與他的姑母同住的。他在十歲時，他的父母對於他認爲是一個重大的問題。他歡喜做許多青年要做的事；但是他的父親因爲遵守教會的訓練，不准他如此做。他於是設法欺騙他要學習偵察、看電影、學跳舞和踢球遊戲等。他的父母希望他少玩一些。他的姑母每星期中有幾天晚上要出去工作，因此對於他的活動無從監督。他常在晚上出去看電影或到朋友的家中去；他的姑母問他時，他總是不肯承認。

解釋　張童的例子是明白地顯示他的家庭管他太嚴；同時表明他不能得到一個正常的、康健的、有血氣的兒童所應得到的滿足。在這個例子中，嚴厲的管理反而產生欺騙；他非但學着許多欺騙的習慣和技倆，而且感覺到他所要做的都是錯誤的，因而常感覺到一種羞恥心或罪惡，而這種感覺乃是不必有的。他以前所受的教育對他很有影響，他的極度的幻想和不願意工作的態度，可以說是他對於早年所受壓制的反抗。無疑地，他常有一種避止欺騙傾向的內心鬥爭；所以他遇到危急的或困難的情境時，他常採用逃避的方法。

或許他在新的家庭中可以得到一些自由而少有一些監督他的例子，表示每個兒童應該在過於嚴厲和過於自由的兩途中，選擇適中的道路。人格是在一種有相當的自由和聰明的勸告中與忍耐的指導情境下，得着最好的發展。

要使張童有較好的適應，必須使他在校中有一種健全的社交空氣和充分的社交娛樂；還要有一位教師常常指導他要公開地和坦白地應付生活的問題，並且幫助他逐漸地戰勝欺騙的習慣；還要有一種工作使他能夠成功而且能夠吸住他的注意力。

第二例：學生——李童

年齡——十七歲

年級——初中二年級

學科——普通科

智力測驗分數——在推孟（Terman）氏團體智力測驗上得智商87

學業成績：

英文	劣	圖畫	上
自然	劣	體育	上
歷史	劣		

李童進入中學已經兩年半了，而進步殊微。在第一、第二兩學期中，他除了體育外各科都不及格。

學校報告　他非但對於他的學科沒有滿意的工作，而且他在班中的不注意和有害的行爲，使得教師非常地煩惱。他總是不做指定的家庭工作。某次研究者參觀他上課時，曾有如下的觀察記載：「他上課時陷坐在他的座位中。他對着旁邊的和前面的兒童講話，一節課中講了十四次之多。他曾將他的筆記簿的布封而扯下。他瞧見別人背錯時，常大聲笑出。他常用鉛筆敲擊桌子。他的耳語有幾次都可聽見。他只是間或地注意班中的討論。在一課結束時，教師請他批評討論的結果，而他茫然莫知所對。俾而下課鈴響了，解救了他的厄運。」

外貌　李童是一個中等身材的兒童。他是一個比較神經的，易緊張的孩子，他的長手從袖管中伸出來，兩手指常是亂動。他有一副可怕的面容；在與他人談話時常不注目看着對方。

家庭　李童有一個年齡長兩歲的哥哥。他的哥哥在學校歷程中常是一個良好的學生，現在已是在中學最高的一級了。他的父親是一個接管子的工人，很努力工作，少有時間在家。他的母親是一位感覺靈敏的和神經的婦人，有高血壓，並且時常生病。

身體狀況和健康習慣　當李童在六歲時，他的父母觀察到他的頭偏到一面去。他的父母請醫生檢查他；醫生看後，叫他戴一個曲柄，可使頭不偏。他戴了兩年。後來，對於此種狀況並沒有什麼診斷。因爲他的學校對於學生並無詳細的體格檢查，所以關於他的其他身體狀況，無從知曉。

與同學的關係　有一個同班報告，李童對於班中許多同學是很熟悉的，因爲他能講笑話。

與該生會談　李童在會談時，對於他在校中和校外的活動很自由地談出。他說圖畫與生物學是他最有興趣的學科。他很希望成爲一個商業或廣告藝術家。他歡喜小動物，常耗費許多時間餵養鴿子和金魚，最近並且自己做了一只大金魚缸。他每星期大致看一次電影，他說他最喜歡看盜賊和戰爭影片。他的家庭是信奉天主教的，所以他常早起參加彌撒禮。雖然他已經有十七歲了，他的性的興趣並不是如何的發達，不過有時講幾個汚穢的故事而已。他在這方面的態度，還有其他事實可以證明。他常喜歡看機械雜誌。他不正常地做他的家庭工作，他自己說：「我變成懶惰了，我常對我自己說明天做。」在學期開始時，他在學校水果店中找到了一個位置，在課外工作。他只做了兩星期就停頓了，因爲他的父親不願意他很晚地回家。他的父親對於他夜晚出去是非常的嚴格。他每晚十時半就寢。

家居　他的家是位在城市中新開闢而不適宜的地方，是自己建立的一所房子。

與他的母親會談　他的母親在會談時表示極度的神經緊張，有時甚至哭泣。她時常提出她的大兒子；並且說她的大兒子很爲家庭爭光，而且在校中的成績也是很好。她似乎對於小兒子的學業成績表示羞愧，並且表示她願意他能學大兒子的榜樣。他的父親堅持他必須讀完中學，並且告訴他，除非他能得一張文憑，他也要像他（父親）一樣刻苦地做工。最近，李童表示要輟學就業；他的父親對此是非常的煩惱。他曾經找着汽車行中一件工作，但是他的母親不允許他接受此種工作，並且告訴他再讀二年中學畢業以後一定有較好的工作。她說：「他是一個可愛的孩子，我對於他的勸告有時可使他改善。」她說有時她詢問他的家庭工作，而他常說教師沒有指定工作，或是他能够在學校中做完工作。

解釋　李童的身體不是最康强的，這是比較顯明的事實，而且可以從他顯示的神經緊張與不安寧的狀態中證明他的筋肉上的不平衡使得他的頭在幼時偏向一面，現在對於他的身體也許還有影響。他應該有一個很詳細的體格檢查。

他對於講猥褻性故事的事實還未能充分地說明。在第一次會談中，很難得到關於性的不規則的行爲、興趣和邪道的事實，在這方面常有許多隱藏的地方，使得研究者覺得還有許多事實可供解釋的；這種情形對於李童是很相同的。

關於他的家庭情境有兩點值得提出討論。一點就是常將他與他的哥哥作不適當的比較，使他屈服。這樣使他感覺自卑，他有許多行爲，都可追溯於設法爲他辯護和爲獲得自信與安全而努力。還有一點値得注意的，就是他母親的溺愛以及她高度的神經緊張狀態。雖然他的父母都極度地希望他們的兒子讀完中學，而他的父親常常細心地校正他，但是他們仍舊未能使他養成準時和細心工作的習慣。

學校應該設法使李森從事於數種他能够得着成功的工作。或者，他應該調選有具體實物可以利用和應用的課程。他應該有一個機會來嘗試他對於圖畫究竟有無天才。他的智力商數既然是如此之低，恐怕要他讀完中學是不容易的。他的父母應該認明此種可能性，而設法使他在這種環境中得到最好的發展。他的父母認爲學校中的成功是唯一有價値的成功，而且以爲他中學畢業以後，就可不用手工作；這種態度對於他的兒子是無裨益的。他在訓育上的缺陷，全部講起來是很小的，而且可以不足介意的；假如他能從事於合他興趣和吸引他工作的學科，他的態度也許可以大大地改變。校中如有一位教師了解他、指導他，而且對於他的進步發生深切的興趣，這是很有助於他的。

第三例：　學生——王森
年齡——十五歲
年級——初中一下

智力測驗分數——在瀚格脫（Haggerty）智力測驗上得智商73

學業成績：

英文	丁	圖畫	丁	算術	丁
地理	丙	行爲	丁	努力	丁
歷史	丙	體育	丙	態度	丁

在此校中「丁」是不及格的。

他未參加學校中任何活動。

學校報告　王渝的敎師說他在班中混去時間，他是無定的；有一天工作做得尙好，而另一天則完全心不在焉。他是妨礙他人的，他是無恥的和不尊敬的；他在班中大聲談話，他對於不滿意的非常咆哮，而且常是憤怒的。有一位敎師說，她不願再留他在她的班中。

外貌　王渝是一個意大利家庭的孩子，身材短小，高五英尺一英寸，重八十六磅。三年前，他跌了一交，二個門齒跌落了；因爲這樣，所以他笑時常將上唇拉下，因爲門齒脫落，他的發音也是含糊。他是近視，戴厚玻璃眼鏡。

家庭　王渝是屬於意大利的家庭，家中有兄弟姊妹五人，他不到二歲時，他的父親因肺病在三十九歲時去世了。他的母親再嫁一個工人，隨她的丈夫到美國來。他的繼父尚未完畢高級小學學業；但是勤儉工作而且顧恤他。他的母親是神經緊張而且易怒的，她曾受過完全小學教育。現在她的子女都大了，不需要她的照顧，所以她也到洗衣作去做工，每早七時就要離家。他有一個哥哥，現在十九歲，也在做工。他有三個姊姊；大的二十三歲，已經結婚了，現在做工；第二的二十一歲在肺病療養院養病；小的十七歲在工廠做工。他的家庭正在設法付出他們房屋的押款。出嫁的姊姊與她的丈夫分開，住在娘家，也設法供養家庭。

身體狀況與健康習慣　王童曾經患過幾種兒童的疾病，但是並無若何不良的反響。當他是一歲時，他曾經割治結核腺。他時常感患頭痛。在幼年時，他曾有過夜間遺尿病，他的母親帶他到治療所去醫治，但是並未接收醫生的勸告。他的全家只有晚餐時同在一起用膳。王童所用的午膳，是由他的母親預先留給他的。他在晚餐時吃一點意大利酒。在其他各餐時，吃一點茶或咖啡。他有時吸烟。他每晚十時就寢。

與同學的關係　同學常用下列語句批評他：「是全校中最大的孩子」，「欺侮比他小的同學」，「打別的同學」，「是活潑的」，「是愚笨的」，「是專橫的」，「與人家開玩笑」。

與該生會談　他在會談時坦白地說明他無意讀完初級中學，並想到十六歲時離開學校。他已經在西部聯合電報公司登記，預備做送報員，而且已經做完夏季的工作卷子。

在察看他的每日生活表時，他說他雖然每日在七時爲他的母親叫醒，他總是不立即起身，而有時還要他的母親再叫一次。放學後，他與同學在鄰近地方遊玩。許多兒童都比他小，所以他可以當一個領袖，或者稱之爲首較爲恰當。他們常在鐵路旁一個荒涼的地方遊戲，常捉蛇或青蛙或做「捉强盜」的遊戲。他們組織了一個籃球隊，而他是隊長。他每二星期看一次電影，每星期二晚參加童子軍會。他在每晚放學後要爲他家中斫柴，每星期六他要到河邊去拾飄來的木柴。他化去很少的時間看書，有時讀一些便宜的偵探故事書或電影雜誌。他的性的興趣尚未發達，但是他說他是怕女子的。

他說他在家中是自作主張的。他的繼父對他很仁愛，而且不大注意他。他的母親有時對於他在學校中的失敗因灰心而罵他。他的父母並不希望他讀中學，而要他及早做事，可以共同維持家中的生活。他有很少的零用錢，而他所有的錢都是要做送信工作去賺來的。

他說他的教師是不歡喜他的。假如他不明白一個問題，他們常常罵他，這樣使他對於工作沒有興趣。他以爲教師是住在另一個世界，而且是不仁愛的。沒有一個教師對於他有興趣，所以他認爲這一次的會談，是他在學校生活中自由發表意見的第一次。他對於他的破舊衣服是覺得難堪的；他相信或許這就是教師看輕他的一個原故。他也相信假如他有較好的衣服，他的同學還要歡喜他。所以他想賺錢去買較好的衣服。當他與較小的兒童同在時，他時常吸烟，而且顯示他們他可以爲所欲爲，使他們得一個良好的印象。他承認他是不歡喜吸烟的。他歡喜圖畫，但是他的圖畫教師不允許他有一個畫圖的機會，而他認爲他自己是可以做的。

家居　他的家是住在意大利區。他的家中講英語和意大利話。他的母親差不多全說意大利話，他的父親有時講一些斷片的英語；兒童之間常講英語。家中訂了一份每日新聞報，在寢室中桌子上放了幾冊便宜的偵探故事和電影雜誌。家中的無線電，有人時常是開着。

與他的母親會談　他的母親說，他在二歲時寄養在一個天主教徒的家裏，直到她再嫁以後他到五歲時才由別人家中領他回來。她說他在幼年時常受着嚴厲有時甚至殘酷的處罰，以懲治他夜間在床上遺尿的惡習慣。因爲他是受過了嚴厲的訓練，所以她的母親對於他離開家庭而去自由行動，表示十分惋惜。他在幼年時常是怕羞和孤獨的，而且不願多與他人談話和遊戲。他從來不知道偷竊，而且報告實話，除非他覺得做了某種事情必須隱瞞。他怕假如做了壞事要帶到警察局裏去的。

解釋　第一點要提出作爲了解這個兒童的，就是他的身體缺乏健康，或許是由於食物缺少營養和營養不足。改正此種缺點，第一個目標就是要使他得着較好的營養食品。假如家庭了解此點，他就可在家中得到較豐富的食品，同時亦可設法在校中多食營養的食品。他也應該知道較好的健康生活。他家中肺病的歷史應該切實地注意，而且要注意他的軟弱有獲得肺病的可能。

王童是一個從低微的家庭經濟狀況中出來的一個智力低下的兒童的寫照；他不能獲得常態的保

陳與自尊以發展他適當的適應，他在班中感覺他是與其他兒童不同的：一部份是由於他是從意大利家庭出來；一部份是由於他的面容不全，缺了幾個牙齒；一部份是由於他的衣服破舊；一部份是由於他在學業方面的困難。因爲這樣，所以他相信他是被人看輕而被先生和同學認爲卑下。因爲他有自卑的感覺，所以他做出自卑的行爲；他歡喜與人開玩笑，在小學生的面前專橫，顯出或做出各種無恥行爲，都是他對於他的信仰自然的反應，而設法保護自己以抵抗自卑的感覺。或許他的教師確實是忽略他而不與他爲友。

最能幫助他的是要使他得到自尊的觀念。學校的教師應該了解他的生活情境而設法去幫助他，避要用標準測驗，查考他現在所在的年級和組別是否適合他的程度。教師應該鼓勵他去做容易成功的工作，即使這種工作是課外的亦可。還應該有一位教師能夠明瞭他的背景，鼓勵他，同情他，了解他，對於他的進步表示深切的興趣。既然他是願意在課外賺一些錢來買些較好的衣服，則應設法使他達到目的，可使他校外的生活豐富一些。既然他的家庭不能使他得到自尊的觀念，他的母親應該採取較慧敏的態度，使他在離校以前，有相當的職業準備。

他的低智力表示他或者不能讀完中學，這也是一個原因，使他自己和他的父母都在爲他計劃具體的職業訓練，以便離校時有所準備。

第四例：學生——陳査

年齡——十七歲

年級——高中二年級

學科——職業學校木工科

智力測驗分數——在俄梯斯團體智力測驗上得智商69

學業成績：

平面幾何	70	中等代數	75
英文（重讀）	76	機械圖案	76
初等代數	78		

他從前在木工科時曾經失敗，後來調到機械圖畫科。他對於幾何很有興趣；他未曾參加學校中任何活動。該校的記分法是百分數，七十分左右爲及格分數。

學校報告　他是被各位教師認爲是有問題的學生。他們說，很難使他去做指定的工作。在工作課時，他情願去做飛機的模型，不顧教師的警告，不做指定的工作。在機械圖畫課時，他常將筆和其他的用具弄壞了，並且用許多恐嚇的方法來阻撓他人，如用尖的儀器刺人，或向人擲吐過痰的紙球。他的圖畫教師對他有如下的批評：『他對於他自己或他人都是無用的。他就是坐着幻想。我一轉眼不看他時，他就要去妨礙他附近的人。當我背轉他時，他就做出諸如此類的惡作劇：將紙頭丟在他人身上，用黑鉛筆畫在人家工人衣服上，將圖畫釘釘在他人座位上讓他人坐上去，或用二脚規的尖釘刺別人的手臂與腿部，或用紙圖丟在他人的圖畫上面。他將全部的秩序破壞了。」

家庭　陳竟是一個有八個兒童的家庭中的一份子，其餘七人都住在家中。他的父親年約四十五歲，是一位機械師。他從前在工廠中工作，後來工廠停閉就此失業。他在結婚以前，曾加入海軍，而在一九〇六年曾遊世界一次。他們父母都在本地生長的，不過是德國的後裔。在這些兒童中，大的已有十九歲了，在初中讀完後離開學校，至今未曾得到正當的職業；第三的現在是十六歲，在高中二年級讀書，學業很好，夜間並在某電影院做售票員；第四的是十四歲，在初中三年級，也是一個問題兒童；第五的是十三歲，患過猩紅熱後肺部有些毛病，現在露天學校受治療；第六的是十一歲，因出痧子而肺部孱弱，也在露天學校療養；第七的是九歲，在四年級，現在有肺炎病。

身體狀況與健康習慣　陳竟的身體現在是强健的；雖然他的家庭中其他份子常有疾病，而他却少受傳染。他在幼時就有增殖腺，但是因爲家中經濟困難，現在還未能設法醫治。醫生的檢查尚未發現任何身體上的缺陷；他的心部、肺部、血壓與體內腺都是正常的。牙齒是非常的不潔，且有蛀洞。增殖腺的生長曾經妨礙他的語言。性的興趣已經發展，他的包皮無需割去，雖然他的母親主張要割。他的身體是非常骯髒的他每晚睡眠八九小時，與他的哥哥同住一間房子。他時常傷風。

與該生會談　在談話中，他說他在幼時對於火車發動機是很有興趣的，而且一度希望做一個開火車的人。後來，他的興趣轉到飛機方面，特別是在林白飛行成功以後。他現在幾乎將他全部空閒的時間化在計劃飛機的圖樣，建造玩具飛機的模型，閱讀關於飛機方面的書籍和雜誌，並且參觀過本地的飛機場。他曾加入本埠（指美國某城）某百貨公司所主辦的飛機模型製造俱樂部。他也加入了美國青年飛鷹俱樂部，而從事於製造飛機模型的各種材料。他常到這個俱樂部去消磨他大半的時光。他是該部的事務管理員，常常計劃茶會和節目。該會每二週在晚上舉行一次會議。他曾坐過幾次飛機。

他常去看電影，他的叔父是戲院經理，常給他免票進去。他想看關於飛機的影片。他能長談飛機的種類，因爲他對於各種飛機曾經觀察過。最近幾月來，他曾經讀過關於飛行術的幾本書，這些書都是他在家中或從朋友處取來的。他雖然有一張學校圖書館借書證，但是二年來他從未用過。

他每星期參加主日學，保持他出席的紀錄，想得到一百分。他不參加童子軍，他認爲童子軍是粗鄙的和不尊敬的。一年前，他曾爲鄰近的兒童虐待過一次，因此，他常與較他年幼的兒童在一起遊戲。他被人稱爲「將軍」，他很以此自豪。他能吹奏口琴，而且吹得很好。他有一部自由車，常騎此車去訪問他三十五英里以外的姑母。他曾經有過幾次長途的步行。他有一些家庭責任，如輪流在晚間洗家中的杯盤，幫助除去家中垃圾以及生火爐等。

他的家庭尚稱平安。他很羨慕他的父親，願意信任他。他認爲他的父親是一家之主，他的父親不體罰他，常用剝奪權利作爲處罰的方法。從他的談話中，可以看出他的家庭不是節儉的，而是隨便的和尋求快樂的。家庭中經濟的困難常使他們感覺痛苦。他常爲鄰居倒垃圾，每星期可以賺幾毛錢。在會談中，他的談話是暢達的，而且他是善於交際的。

家居　他住在熱閙街市的一所磚房子內。在訪問他的家庭時，街道上正在建築渠溝，所以門前階沿上滿堆泥土。從外表看來，他的家居是不潔淨的。走進他的家時，就可聞着一種難聞的氣味。家中所陳設的器具尚屬新式；但是因爲用之過甚，已是染污而且破舊了。吃飯間顯示一幅混亂的圖畫；椅子上堆着衣服，桌子上放着盤子，通廚房的門半閉着。在訪問時，無線電是一直地開着，播出大聲的爵士歌曲。廚房內部也是與吃飯間一樣地混亂。

與他的母親會談　他的母親多少帶着幾分的神經緊張；表現着無力和不整潔的姿態。她想掩過她的兒子在學校中所遇着的困難，並且報告她的兒子在家中並未表現若何重要的行爲上的缺陷。當他離回家時，她將剝奪他某種的權利。她說他在家中從未發生爭執，並且服從家長；但是承認他在家中並不準時做工作，而且也很少表現自發的精神。

與他的姑母會談　他的姑母很注重他的福利；所有他的衣服，他的零用錢都是她供給的，並且常隨他吃晚飯。她曾經設法教他保持自身的整齊和潔淨。她對於他的製造飛機模型的興趣非常關心，並且希望他在其他各方面擴展他的興趣。

解釋　陳查在校中的行爲，無疑地是他的不負責的家庭環境和管理的直接結果這種孫僻使他發生一種身體上、精神上和社交上自卑的與不安定的心理。他用粗野的方法以引起注意，和不能與同年的兒童交際都是表現此種心理。他對於製造飛機模型發生重大的衝動，乃是一種補償自卑心理而想得到成功的嘗試。這也可說明他在班中叡喜說話和不守秩序的情由。他不肯與同年的兒童遊戲，一部份也許是想避免遭受窘迫。他用他的自由車騎到鄉下去，藉以得到『平和與安靜，』也可表示他對於現實生活的逃避。

他對於飛機的興趣，雖然是表面的，並且在某種意義上近於幼稚的；但是此種興趣却能幫助他得到自信和擴張他的經驗的基礎。學校當局將他由樹工科調到圖畫科，乃是使他接近一位較有同情心的教師，使他發展飛機圖案的技術，並可在其他方面有相當的發展。學校當局也鼓勵他在學校社交團體中發展社交的才能。副校長明斷他的情況以後，對於他特別發生興趣。

一年以後，他的個人外貌已經改變了。他的衣服是比較的整齊他的面部是清潔的，他的頭髮也梳好了，這時，他對於異性發生了興趣；他自動地承認，『我現在是與一個女子爲友了。』他曾經參觀了他的同學的家庭，這種參觀，很可幫助他提高他的標準。例如，他說：『某同學的家庭中各種物件都是有秩序的。』某同學乃是本埠某大學教授的兒子。要使他在校中有較好的工作，必須先使他有自尊心。他的家庭正在計劃遷移到鄰近的一個城市去。將來，他要調換新學校並有新的家庭環境；這種改變很可使他有一個良好的開端，並可改進他過去的紀錄。

第五例：

學生——儲童

年齡——十七歲

年級——高中一上

科目——大學預科

智力測驗分數——在俄梯斯心能智力測驗上得智商 125

學業成績：

英語	丙上	幾何	不及格
法文	丁	社會研究	丁

他未曾參加學校中任何的社團；除非他有領袖的地位，他是不願參與任何學校中的活動。

學校報告　他的教師們一致地報告他在學校中的成績是不滿意的。他到教室中來，功課未曾預備；在上課時，他也不注意。許多教師對於他的批評是，「這個孩子是完了；」「剛愎的；」「這個孩子是美觀的，但是不中用的；」「過分地與女生相處在一起；」「美麗的，但是啞口無言的；」「拒絕一切關於改進他的工作的建議。」

外貌　趙童是一個中等身材的孩子，身長五英尺八英寸，體重一百四十五磅。他是活潑的，且有良好的體格。他穿着質料和式樣最好而且覺得很整齊的衣服，常有華美的領帶與絨衫。他的頭髮是稍帶捲曲的。

家庭　趙童是家庭中唯一生存的孩子。他的父親是有相當地位的工程師，曾經主持過幾個大公司的建築事業，並且創造關於鋼骨建築的一些原則。他是全國工程師學會的會員，並且任過該會的職員。趙童的母親是帶着一些神經病的女子。她僱用了許多僕役，而且家中的陳設表示豪富的氣象。他的父母加入了幾個社交的團體，而且時常招待客人。

身體狀況與健康習慣　趙童在幼年時曾經患過普通兒童所有的疾病，如痧子、水痘、腮腺炎、與百日咳。他的體格檢查並未發現何種體格上的缺陷。他的食量是常態的；除了不規則的睡眠習慣以外，他的健康習慣大致都是良好的。他吸香烟，有時夜晚在他父親的書房中吸板烟。他在星期當中，每晚常是十時就窕；但是在星期五和星期六的晚上，則要到半夜或半夜以後才回家。

與同學的關係　這個兒童的品性，可從學校中其他同學所給予他的綽號和形容字句中看出這些綽號和形容字句是「會長，」「美麗的細菜，」「詩人，」「社會的領袖，」「善於跳舞者，」「可愛的情人」

與該生會談　在談話時，該生常是表示一種不安的和冷淡的態度。他說他在家中常是獨自一人讀書，有時得着他母親的幫助。他對於他在學校中所選擇的科目是漠不關心的，而且對於他的任何教師都無好感。在幼年時，他曾立志將來要做一個開礦工程師，但是他的計劃曾在初高級小學時代改變了好幾次。現在，他並無着何完成學業的特殊大志。他不參加學校中任何的活動；也不出去參加代表學校的運動。在星期當中的晚間，他常是在家中；到了星期末的晚上，他常出去看電影，或到城市戲院去或去跳舞，或去參加各種的交誼會。因爲他的父親是主日學校的監督，所以他常是準時地參加主日學。但是有時他坐在禮拜堂中，等到他的父母不看見他時，忽然溜出去與其他青年的朋友同玩。他很歡喜同女朋友在一起看各種運動；假如他有機會能將各種的運動解釋給他的女朋友聽時，他是更加地歡喜。他承認在烟紙店中和鄰近彈子房中取得便宜的雜誌閱讀。他自命有許多女朋友；但是並不與同一的女朋友有長時間的交接，大致與每一個女朋友只交接數月的時間。他在跳舞會和游資集會中是特別地受人歡迎。他說他歡喜與幾個男朋友到女朋友的家中歡敍。他很自豪地說明他與女朋友的關係，並且將告人家他曾經搜集了許多絲手巾、珠子頸圈、頸飾和亞麻布襯衫。

家居　他的家是住在住宅區，是一所磚造的三層樓房屋裏面有熱氣、電冰箱、小鋼琴、東方地毯以及其他新式設備。他的家庭在現在的地方住了很久。

與他的父親會談　他的父親對於他在學校中的失敗是非常地關心，尤其是對於他在散學後和星期末所交的朋友和所做的遊戲，特別感覺憂慮。他的父親曾想將他的兒子送到私立的軍官學校去，可以得到嚴密的管理與訓練，而且也可脫離母親的影響。但是他的母親不願意她的兒子離開家庭。他的父親說明他從未處罰他的兒子，而且很少時間責備他；他常讓他的母親去管理他。他的母親却反對別人批評她的兒子的行爲。

與他的母親會談　他的母親承認她是很快樂和很自豪地撫養他的兒子。她的兒子年幼時，她曾每日多爲他洗滌數次，因爲她羨慕他的美麗的頭髮。她的哲學是認爲一個兒童只有一次的青春，所以應該允許他做他所要做的事。因此，她曾數次保護兒子，反抗他的父親加於他的訓練和關於他的行爲方面的建議。雖然他的父親有一定數量的零用錢給他，但是他的母親還要額外地給他零用錢，有時額外零用錢的數目，較之規定零用錢的數目還要多。

解釋 這個兒童無疑地能完成他的中學工作；假如他有希望，還能很容易地準備升入大學。他所表現希求得到注意的行爲，尤其是想從女生方面得到的注意，或許是由於他小時在家中得着母親過分的注意。無疑地，他的母親是過分地寵愛他和驕養他，讚許他稚氣的動作，以致他想從任何人中也要設法得到同樣的注意和讚許。他既然在交際會和跳舞會中受人歡迎，而且學到用滑稽來娛樂他人的方法，他當然不必再參加學校中的會社或運動，或做良好的工作以引起注意。假如他是在家中繼續得到他所享受的滿足，而在學校中仍不知感覺負責以求進步，則很難在他的心理中另行造出其他的滿足。學校中要有澈底明瞭他的家庭狀況的人，可以相機地向他的母親說明，利用她的兒子來當作自己榮譽的危險。假如他能轉換到另一個環境中，在這個環境中成功的標準是必須根據努力而來的，而他必須負起某種的責任，或許他在相當的時期以後，可以學着適應新的生活情境。也許可向他的母親說服這一點，指出她應該限制他的零用錢，督促他的課業，以及促成他對於個人的衣服和其他私事負責自理。學校或許能刺激他對於機械方面潛伏的興趣。

改進 不久以後，這個兒童離了學校，在外試做店員的工作。他離開了家庭，寄住在鄰近城市中青年會寄宿舍裏。他的習慣是懈惰的，而且他從未感覺努力的需要，以致他的營業是非常的失敗，後來被請自動辭職。其次，他乃嘗試在一個店中做寫帳員，後來又改做地產商的掮客。但是他每次的嘗試都是失敗的。

這樣地做了一年以後，他開始看出進求教育的價值，於是他重回到學校中來；在二個冬季學期和二個夏季學期之中，他讀完了中學的課程。後來，他進了鄭州的一個州立大學。現在，他的工作是進步了，他似乎是可以完成他的大學課程。他的父親能夠允許他離開學校，讓他自己看出他以前是在浪費時間，這一點是有智慧的；而他在離開家庭後所得的經驗，也可使他對於生活的價值有一個改變的觀點。不過這種計劃有時是有危險和困難的，要看他離開家庭以後所交的朋友是怎樣的一種人。

第六例： 學生——錢生

年齡——十四歲

年級——初中二上

智力測驗分數——在麥柯爾(McCall)智力測驗上得智商 125

學業成績：

拉丁	80	英文	88
代數	70	自然	85
歷史	93		

她在學校中的成績常是優良的，只有去年的體育分數是65分；這是由於她為着交筆記錄的問題與

體育教師爭辯的原故。

學校報告　級任教師批評她說，『一個很好的學生，可惜鬆懈了。』音樂教師批評她說，『我不能容忍她。』別的教師對她的批評是：『她以為她比其他同學都要好些；』『她以為她是獨一的人物；』『她歡喜辯論，歡喜出風頭。』英文教師的報告是：『一個很聰明的和很有興趣的女孩子。』在她的公民科分數中，一位教師給她『優，』二位教師給她『上；』一位教師給她『中；』二位教師給她『劣；』一位教師給她『很有缺點。』對於她的合作，一位教師批她『優；』一位教師批她『上；』四位教師批她『劣；』一位教師批她『很有缺點。』許多教師認為她是自大的，想做『巨頭，』想出風頭。有一次級會中，她曾經作了一篇高聲的演說，勸每個級友要忠心於歌劇團並且要參加。後來，不滿意於歌劇團的級友可以自由地退出會場時，她卻是第一個離開會場。有些教師認為她這種舉動乃是引起別人對於她的注意。有些教師以為她退出會場，是因為她在會議中沒有得到主要的位置。

外貌　體重一〇四磅，身材細小苗條，面色很好，頗有體力。她比一般的同學穿得好些。她的衣服常是悅目的、合時而並不眩耀，頗合身腰，從來沒有襤褸的樣子。

家庭　她的父親已經和她的母親分離了，父親住在加尼福利亞州，母親住在紐約。她現在是寄住在一個人家。雖然她的叔父極力地主張寄養她的人家要嚴密地管理她，但是實際上她是自由地進出。她有一個姐姐，可以稱爲模範的兒童，從來沒有發生過行爲上的問題，而且讀書是非常的聰明，以致在十一歲時就進了中學。她的姐姐常被人提出與她比較，常有人對她說：『你的姐姐永不會做這件事。』

身體狀況與健康習慣　她的體格檢查報告，說明她的牙齒有蛀洞，而且也說她的牙齒不齊。她的牙齒曾用金絲補過一年，想用此法將牙齒弄齊。

與該生會談　她說她常是歡喜讀歷史課，至於其他的科目則看教書的教師而定。她是很歡喜閱讀的，她最歡喜讀的書就是文學小說。她說她所寄住的地方很多，以致她不能全部地記得；自從她進入初中一以後，已經四次改變了她的住所。她的優良智力使她在學校中能有常態的進步。她說：『我一生都是住在公寓中。我常想假如我能住在一所房子裏，有空場可以遊戲，那一定是快樂的。』在過去二年中，她是與她的老祖母同住，但是她的老祖母已是八十二歲了，不能再來管她。她現在是在外面包飯。她表示她是比較地歡喜她的母親。她從來不以她的母親爲恥，並且表示她並不以她的父親爲榮。她認爲她的母親是一個富有自我犧牲的女子，並且相信她母親的生活是不愉快的。她認爲她的父親是一個很嚴厲的和很堅決的男人。她說，『假如我有女小孩子，我將不要鞭打她們。假如一個女孩子的精神是不健全的，你去鞭打她，則她將變成溫順的，而不能發展自動的能力。假如一個女孩子的精神是健全的，你去鞭打她，則她將變成倔強的和頑固的。還有一件事，我將永遠不做的，就是不要將一個孩子和他個孩子相比。』她在放學後常留在校中與她的朋友或致師談話。她的就寢時間是九時三十分，但是她常在這時間之前就寢。她每二星期中要去看電影一次。從前，她曾選讀鋼琴和跳舞的功課。她對於跳舞很能欣賞。她曾經到過各種禮拜堂，只有猶太人的會堂沒有去過。她做禮拜並不是受人强迫的，所以假如她到主日學校去，那完全是用於她的自動。

她的將來計劃是渺茫的。她的家庭預備送她到大學去，但是她對於大學教育的價值，似乎是有些懷疑。

與她的叔父會談　據她的叔父說，她的父親是一個很有能力的人，但是有些不好的習慣。他是耽於賭博；雖然他曾經有過幾個很好的位置，但是他的不良習慣使他不能保持這些好的位置。她的父母常是爭吵。自從她的家庭拆散以後，她是被送到她的祖母那裏，她的祖母現在是八十二歲了。有幾次，她的父母可有希望重修舊好，她也可有希望回家居住，但是她的父母終於是分開了。據她的叔父說，她的母親仍是她最大的仇敵。她的母親因為不能獲得一種常態的家庭生活，於是將她阻撓的愛情，全部灌注在她的女兒身上。直到十二歲以後，她的母親總是叫她『乖兒』。自從她四歲開始，她就完全支配了她的母親。她要怎樣，就可怎樣。她的叔父相信，她對於父親的印象，是受了她的母親在她面前所說關於她的父親為人的影響。在另一方面，她的父親的親戚對於她的母親的朋友是看不起的；結果，她長大了，對於二方面的親友都不表示尊敬。當她是個強時，她的父親要鞭打她，直到她屈服時爲止。她在幼稚園時曾與其他的兒童相打，並且咬他們和抓他們。現在，她的正式保護人就是她的八十二歲的老祖母。

解釋　這個特殊的例子，乃是表示一個不安定的和破裂的家庭對於兒童可能有的影響。鍾生是一個從未得到安定的家庭生活的女孩子，這種安定的家庭生活是每個兒童出生後所應有的權利。雖然她從她的母親那裏可以得到充分的情愛，但是她及早就學着了如何去應付和支配她的母親。她現在喜歡出風頭和希求得到過分的注意的慾望，乃是表現她想從他人那裏得到與她的母親所給予她一樣的情愛。視察的報告說明，她認爲學校是她唯一的安身地方——她可在此得到安定，而且她覺得她是屬於學校的。她的智力是很高的，所以她能在正當的鼓勵之下對於班中的工作求得進步。假如學校能使她感覺她是學校中的一份子，而且學校希望她的幫助和領導，她對於學校的反應一定是良好的。在各方面看來，她是一個感覺靈敏的女子；她對於外來的情愛常能表示適當的反應。無疑地，她將來還要遇到許多困難的經驗，才可學習了解她的支配他人的技術（這是她在應付她母親那裏所學到的）多半是不能受人歡迎的。

學校兒童心理衛生終

Thomas, W. I.:—The Unadjusted Girl; Little, Brown and Company, 1923

Thomas, W. I.: and Thomas, D. S.:—The Child in America; Alfred A. Knopf, 1928

VanWaters, M.:—Youth in Conflict; Republic Publishing Company, 1925

Washburne, C. W.:—Adjusting the School to the Child; The World Book Company, 1932

Wexburg, E.:—Individual Psychology; Jonathan Cape and Harrison Smith, 1931

White, W. A.:—Mental Hygiene of Childhood; Little, Brown and Company, 1919

White, W. A.:—Outline of Psychiatry; Nervous and Mental Diseases Publishing Company, 1926

White, W. A.:—Principles of Mental Hygiene; The Macmillan Company, 1917

Wickman, E. K.:—Children's Behaviour and Teachers' Attitudes; The Commonwealth Fund, 1928

Williams, F.:—Adolescence; Farrar and Rinehart, 1930

Zachry, C. B.:—Personality Adjustments of School Children; Charles Scribner's Sons, 1929

Oppenheimer, J. J.:—The Visiting Teacher Movement with Special Reference to Administrative Relationships; New York Public Education Association, 1924

Pressey, L. C.:—Some College Students and Their Problems; Ohio State Univ. Press, 1929

Richmond, W. V.:—The Adolescent Boy; Farrar and Rinehart, 1933

Richmond, W. V.:—The Adolescent Girl; The Macmillan Company, 1925

Sadler, M. E.:—Piloting Modern Youth; Funk and Wagnalls Company, 1931

Sayles, M. B.:—The Problem Child at Home; The Commonwealth Fund, 1928

Sayles, M. B.:—The Problem Child in School; Joint Committee on Methods of Preventing Delinquency, 1925

Schwab, S. I., and Veeder, B. S.:—The Adolescent-His Conflicts and Escapes: D. Appleton-Century Company, 1929

Strang, R.:—The Rôle of the Teacher in Personnel Work; Teachers College, Columbia University, 1932

Symonds, P. M.:—Diagnosing Personality and Conduct; D. Appleton-Century Company, 1931

Symonds, P. M.:—The Nature of Conduct; The Macmillan Company, 1928

Terman, L. M., and Almack, J. C.:—The Hygiene of the School Child, Revised Edition; Houghton Mifflin Company, 1927

Thom, D. A.:—Normal Youth and Its Everyday Problems; D. Appleton-Century Company, 1932

Joint Committee on Methods of Preventing Delinquency:—Three Problem Children, 50 E. 42d St,, N. Y. C., 1926

Judge Baker Foundation:—Case Studies, Series 1, Nos, 1-20, 40 Court St., Boston, Mass.

Koos, L. V., and Kefauver, G. N.:—Guidance in Secondary Schools; The Macmillan Company, 1932

LaRue, D. W.:—Mental Hygiene; The Macmillan Company, 1927

Mateer, F.:—Just Normal Children; D. Appleton-Century Company, 1929

McCormack, T. J.:—History and Description of a Personnel Program with Mental Hygiene Approach, Education of Individual Students, Emphasis on Superior Students; Bureau of Educational Counsel, La Salle-Peru Township High School, Ill., 1923-1926

Menninger, K. A.:—The Human Mind; Alfred A. Knopf, 1930

Morgan, J. J. B.:—The Psychology of Abnormal People; Longmans, Green and Company, 1928

Morgan, J. J. B.:—The Psychology of Unadjusted School Child; The Macmillan Company, 1924

Myers, G. C.:—Schoolroom Hazards to the Mental Hygiene of Children; National Committee for Mental Hygiene, 1928

National Committee for Mental Hygiene, Mental Hygiene in the Classroom 1931

Newark, New Jersey Board of Education, Department of Child Guidance:—Mental Hygiene in the Classroom; National Committee on Mental Hygiene, 1931

Dell, F.:—Love in the Machine Age; Farrar and Rinehart, 1930

Elliott, G. L.:—Understanding the Adolescent Girl; Henry Holt and Co., 1928

Fenton, N.,—"Administrative Aspects of a Mental Hygiene Program in the Public Schools," School and Society, September 24, 1932

Flemming, C. W.:—Pupil Adjustment in the Modern School. Horace Mann Studies in Education, New Series, Teachers College, Columbia University, 1931

Germane, C. E., and Germane, E. G.:—Character Education, Silver, Burdett and Company, 1929

Groves, E. R.:—Personality and Social Adjustment; Longmans, Green and Company, 1931

Groves, E. R., and Blanchard, P.:—Introduction to Mental Hygiene; Henry Holt and Company, 1930

Hartshorne, H., May, M., and Shuttleworth, F. K.:—Studies in the Organization of Character; The Macmillan Company, 1930

Hartwell, S. W.:—Fifty-five Bad Boys; Alfred A. Knopf, 1931

Healy, W., Bronner,A. F., Boylor, E. M. H., and Murphy, J. P.:—Reconstructing Behavior in Youth; Alfred, A. Knopf, 1929

Hildrith, G.:—Psychological Service for School Problems; The World Book Company, 1930

Hollingworth, L. S.:—Psychology of the Adolescent; D. Appleton-Century Company, 1928

Johnson, M. H.:—The Dean in High School; Professional and Technical Press, 1929

Boorman, W. R.:—Personality in Its Teens; The Macmillan Company, 1931

Brewer, J. M. and others:—Case Studies in Educational and Vocational Guidance; Ginn and Company, 1926

Brewer, J. M., and others:—Cases in the Administration of Guidance; McGraw-Hill Book Company, 1929

Brook, F. D.:—Psychology of Adolescence; Houghton Mifflin Company, 1929

Burnham, W. H.:—Great Teachers and Mental Health; D. Appleton-Century Company 1926

Burnham, W. H.:—The Normal Mind; D. Appleton-Century Company, 1924

Burnham, W. H.:—The Wholesome Personality; D. Appleton-Century Company 1932

Burt, C.:—The Young Delinquent; D. Appleton-Century Company, 1925

Character Education, Tenth Yearbook of the Department of Superintendence, National Education Association, 1932

Cowan, E. E., and Carlson, A. D.:—Bringing up Your Child; Duffield and Company, 1930

Crawford, N. A., and Menninger, K. A.:—The Healthy-Minded Child; Coward-McCann, Inc., 1930

Culbert, J. F.:—The Visiting Teacher at Work; The Commonwealth Fund, 1929

Dashiell, J. F.:—Fundametals of Objective Psychology; Houghton Mifflin Company, 1928

參考書目

Adler, A.:—The Education of Children; Greenberg, Publisher, Inc., 1930.

Adler, A.:—Guiding the Child on the Principles of Individual Psychology; Greenberg, Publisher, Inc., 1930

Adler, A.:—The Pattern of Life; Cosmopolitan Book Company, 1930

Adler, A.:—What Life Should Mean to You; Little, Brown and Company, 1931

Anderson, V. V.:—Psychiatry in Industry; Harper and Brothers. 1929

Angell, R. C.:—A Study in Undergraduate Adjustment; University of Chicago Press, 1930

Bagby, E.:—The Psychology of Personality; Henry Holt and Company, 1928

Bassett, C.:—School and Mental Health; The Commonwealth Fund, 1931

Bianchi, L.:—Foundations of Mental Health; D. Appleton Century Company, 1930

Bingham, A. T.,—"The Application of Psychology to High School Problems," Mental Hygiene, June, 1928

Blanchard, P., and Manasses, C.:—New Girls for Old; The Macaulay Company, 1930

Boorman, W. R.:—Developing Personality in Boys; The Macmillan Company, 1929

民國二十六年二月印刷
民國二十六年二月發行

學校兒童心理衛生（全一冊）

◎ 實價國幣八角
（郵運匯費另加）

原著者　Percival M. Symonds
譯者　胡祖蔭
發行者　中華書局有限公司
代表人　路錫三
印刷者　上海澳門路　中華書局印刷所
總發行處　上海福州路　中華書局發行所
分發行處　各埠　中華書局

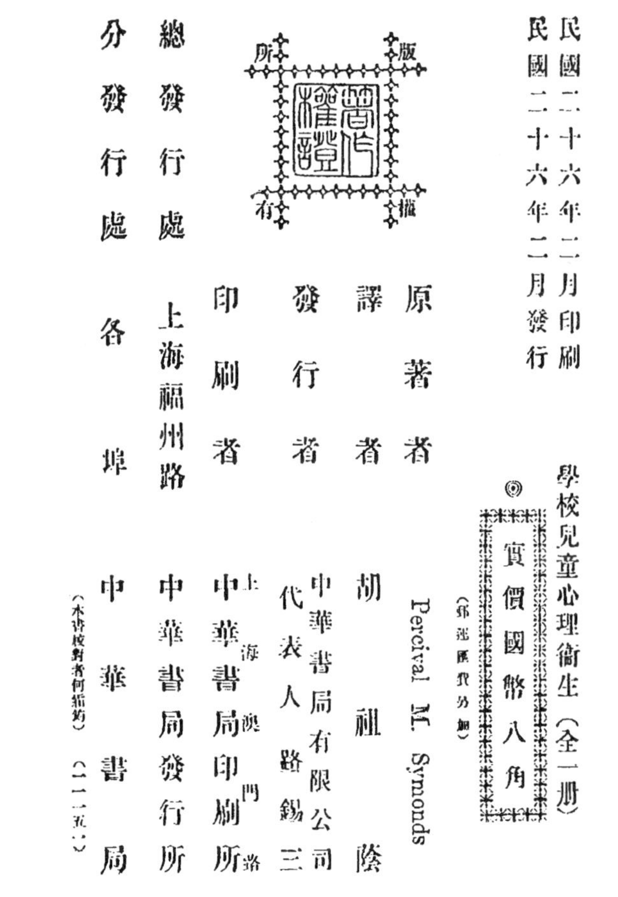

（本書校對者何緒昀）（一一一五一）